消防灭火救援
与工作实务

李 想 余德麒 ◎ 主编

企业管理出版社

图书在版编目（CIP）数据

消防灭火救援与工作实务 / 李想，余德麒主编. --
北京：企业管理出版社，2024.8
　ISBN 978-7-5164-3041-5

　Ⅰ．①消… Ⅱ．①李… ②余… Ⅲ．①灭火－救援
Ⅳ．①X928.7

中国国家版本馆CIP数据核字(2024)第053846号

书　　名：	消防灭火救援与工作实务
书　　号：	ISBN 978-7-5164-3041-5
作　　者：	李　想　余德麒
选题策划：	周灵均
责任编辑：	张　羿　周灵均
出版发行：	企业管理出版社
经　　销：	新华书店
地　　址：	北京市海淀区紫竹院南路17号　　邮　　编：100048
网　　址：	http://www.emph.cn　　电子信箱：2508978735@qq.com
电　　话：	编辑部　（010）68456991　　发行部　（010）68417763
印　　刷：	北京厚诚则铭印刷科技有限公司
版　　次：	2024年8月第1版
印　　次：	2024年8月第1次印刷
开　　本：	710mm×1000mm　　1/16
印　　张：	17.5
字　　数：	210千字
定　　价：	85.00元

版权所有　翻印必究・印装有误　负责调换

PREFACE 前言

消防救援是一项重要的公共服务，其意义重大。首先，消防救援是保护人民生命的重要手段。在火灾等紧急情况下，消防救援人员能够及时赶到现场，采取必要的措施，可以最大限度地减少人员伤亡。其次，消防救援是保护人民财产安全的关键。火灾往往会造成巨大的财产损失，而及时的消防救援可以阻止火势蔓延，减少财产损失。此外，消防救援还能维护社会稳定。火灾等突发事件如果得不到及时有效的处理，可能会引发社会恐慌和不安定因素。

消防救援人员承担着执行消防救援任务的职责，他们需要具备各种必要的技能和知识，以便有效地应对各种突发情况。其首要职责是扑灭火灾和疏散人员。消防救援人员需要迅速、果断地采取措施，使用各种灭火器材将火势控制在最小范围内，并及时疏散人身安全受到威胁的人员。此外，他们还需要进行现场救援和急救。在事故中，消防救援人员经常需要从危险环境中营救受困的人员，并对伤员进行急救处理。最后，消防救援人员还需要开展宣传教育工作，提高公众的消防意识和自我防护能力。

为适应消防领域对政治业务素质高、专业核心能力强的应用型专门人才的需求，以培养消防工程专业人员综合素质为基础，以提高其专业能力、职业能力为核心，编写了《消防灭火救援与工作实务》一书。

《消防灭火救援与工作实务》一书以国内现行的消防相关法律、法规和标准为基础，密切联系消防技术装备应用和消防灭火救援工作实际，主要介绍了灭火基础理论与方法、消防基础设施、消防技术装备、消防通信、消防指挥调度、灭火救援行动、火场疏散逃生等内容。

全书共分七章，第一章、第二章、第六章和第七章由李想撰写，共十三万字；第三章、第四章和第五章由余德麒撰写，共八万字。

书中难免存在不足之处，恳请读者批评指正。

李想　余德麒

2024 年 1 月

CONTENTS 目 录

第一章　灭火救援理论基础　⋯1

　第一节　燃烧与火灾　⋯3
　第二节　灭火基本方法　⋯11

第二章　消防基础设施　⋯23

　第一节　建筑防火基础　⋯25
　第二节　建筑消防设施　⋯34
　第三节　灭火救援设施　⋯54

第三章　消防技术装备　⋯63

　第一节　消防技术装备概述　⋯65
　第二节　消防器具　⋯67

第三节　救援器材 ····74
第四节　灭火剂 ····90
第五节　消防车 ····99
第六节　消防员防护装备 ····107

第四章　消防通信 ····117

第一节　消防通信概述 ····119
第二节　消防通信技术 ····128
第三节　消防通信保障 ····144

第五章　消防指挥调度 ····153

第一节　大数据的作用及影响 ····155
第二节　信息化技术应用 ····168
第三节　火场通信 ····172

第六章　灭火救援行动 ····175

第一节　灭火出动 ····177
第二节　火情侦察 ····181

目录

　　第三节　火场警戒　　　　　　　　···186

　　第四节　火灾扑救　　　　　　　　···191

　　第五节　火场救人　　　　　　　　···195

　　第六节　火场供水　　　　　　　　···200

　　第七节　疏散与保护物资　　　　　···206

　　第八节　火场破拆　　　　　　　　···212

　　第九节　火场排烟　　　　　　　　···218

　　第十节　火场照明　　　　　　　　···224

　　第十一节　战斗结束　　　　　　　···228

第七章　火场疏散逃生　　　　　　　···233

　　第一节　安全疏散　　　　　　　　···235

　　第二节　逃生自救　　　　　　　　···241

参考文献　　　　　　　　　　　　　···271

1

第一章
灭火救援理论基础

第一节　燃烧与火灾

一、燃烧的本质与特征

（一）燃烧的本质

从本质上来说，燃烧是一种氧化还原反应，是指可燃物与助燃物（氧化剂）发生的一种剧烈的发光、发热的氧化反应过程。以往人们认为，燃烧反应是直接发生的，但现代研究发现，很多燃烧反应并不是直接进行的，而是自由基和原子等中间产物在瞬间进行的循环链式反应，热和光是燃烧过程中的物理现象，游离基的链锁反应则是燃烧反应的本质。

（二）燃烧的特征

燃烧区别于一般氧化还原反应主要在于燃烧过程伴随放热、发光、火焰和烟气等现象，其基本特征如下。

1. 放热

在燃烧的氧化还原反应中，反应过程属于放热过程，使得燃烧区的温度急剧升高。在火灾中，这种高温会对人员、设备及建筑物造成严重的威胁。

2. 发光

燃烧过程中白炽的固体粒子以及某些不稳定的中间物质分子内的

电子会发生能级跃迁，产生发光现象。

3.火焰

火焰是气相状态下发生的燃烧的外部表现，具有发热、发光、电离、自行传播的特点。根据燃料与氧化剂的混合形式不同，火焰可分为扩散火焰与预混火焰。扩散火焰是指两种反应物在着火前未相互接触，其火焰主要受混合、扩散因素的影响，火灾中以扩散火焰为主；若着火的两种反应物的分子已经接触，所形成的火焰称为"预混火焰"。按流体力学特征，火焰可分为层流火焰和湍流火焰，火灾中绝大部分属于湍流火焰。按状态不同，火焰可分为移动火焰和驻定火焰。按两种反应物初始物理状态不同，火焰可分为均相火焰和多相火焰，其中多相火焰也称为"异相火焰"。

4.烟气

据统计，火灾中80%以上的死亡人员是由于吸入烟尘及有毒气体昏迷后致死的。烟气主要由燃烧或热解作用下产生的悬浮于大气中的细小固体或液体微粒组成，其中固体微粒主要为碳的微粒，即碳粒子。

二、燃烧的基本形式

可燃物质和助燃物质存在的相态、混合程度和燃烧过程不尽相同，其燃烧形式是多种多样的。

（一）根据燃烧发生的相态划分

根据燃烧发生的相态不同，燃烧可以分为均相燃烧和非均相燃烧。

1.均相燃烧

均相燃烧是指可燃物与助燃物属于同一相态，如氢气在氧气中的燃烧，天然气在空气中的燃烧。

2.非均相燃烧

非均相燃烧是指可燃物和助燃物属于不同相态，如油类火灾属于液相在气相中燃烧，固体表面燃烧属于固相在气相中燃烧。非均相燃烧较为复杂，比如塑料制品燃烧涉及熔融、蒸发及气相燃烧等现象。

（二）根据燃烧物的形态划分

根据燃烧物形态的不同，燃烧可以分为气体燃烧、液体燃烧和固体燃烧。

1.气体燃烧

气体燃烧是指气体在助燃性介质中发热、发光的一种氧化过程，由于不需要经历熔化和蒸发过程，其所需热量仅用于氧化或分解，燃烧速度快。按照燃烧中可燃物与氧化剂的混合形式不同，气体燃烧可分为扩散燃烧和预混燃烧。

（1）扩散燃烧。

扩散燃烧是可燃气体与空气或其他氧化性气体一边进行混合一边进行燃烧的一种燃烧方式。可燃气体的混合是通过气体的扩散来实现的，而且燃烧过程要比混合过程快得多，因此燃烧过程只处于扩散区域内，燃烧的速度主要由气体混合速度来决定。

（2）预混燃烧。

预混燃烧是可燃气体先与空气或其他氧化性气体进行混合，再发生燃烧的燃烧方式。这种燃烧方式主要发生在封闭性或气体扩散速度远小于燃烧速度的体系中，其燃烧火焰可以向任何有可燃预混气体的地方传播。该类燃烧方式的火灾具有燃烧速度快、温度高等特点，建筑物的爆燃便属于该种形式，通常发生在矿井、化工厂和石化储罐等场所。

2. 液体燃烧

液体燃烧是指可燃液体在助燃性介质中发热、发光的一种氧化过程。可燃液体只有在闪点温度以上（含闪点温度）时才会被点燃。在闪点温度时只发生闪燃现象，不能发生持续燃烧现象。只有液体温度达到其燃点时，被点燃的液体才会发生持续燃烧的现象。液体物质持续受热形成可燃蒸气，蒸气与空气混合后形成可燃性混合气体，在达到一定浓度后遇火源才会发生燃烧。

3. 固体燃烧

根据可燃固体的燃烧方式和燃烧特性的不同，固体燃烧可以分为五种类型，分别是蒸发燃烧、表面燃烧、分解燃烧、熏烟燃烧（阴燃）和动力燃烧（爆炸）。大部分固体可燃物的燃烧不是物质自身燃烧，而是物质受热分解出气体或液体蒸气在气相中燃烧，这个过程极其复杂，为了简化问题，我们可以将其视作物质因受热而发生的燃烧过程。

三、燃烧的基本过程

从燃烧发展的微观角度来看，可以将燃烧分为五个阶段，即吸热过程、热解过程、着火阶段、燃烧阶段、燃烧传播阶段。

第一阶段：吸热过程

在外部热源或火源作用下，材料的分子运动加剧，分子间距增大，材料温度逐渐升高。该过程中材料的升温速率除了与外部热流速率和温差有关以外，还与材料的比热容、热导率、炭化及蒸发等相关。当材料温度升高到一定程度时，转入第二阶段。

第二阶段：热解过程

随着温度的进一步升高，材料开始受热分解，并释放出一氧化碳（CO）、二氧化碳（CO_2）、高分子聚合物材料，在热解过程中还会释放出甲醛、醇类和醚类等有机化合物。聚合物材料在较低温度（300℃）下热解时，生成挥发物以及仍可继续热解的固相产物。挥发物由气体和固体颗粒组成，气体包含有机小分子化合物、一氧化碳和二氧化碳等气体；而固体颗粒可能是燃烧所形成的烟的主要组成部分，尤其是在无焰燃烧条件下，可继续热解的固相产物经高温热解可生成高温挥发物和最终的固体残留物。该热解过程还分高温热氧分解和高温无氧分解两种情况。高温热氧分解过程中，高温挥发物主要是二氧化碳和少量一氧化碳；而在高温无氧分解过程中，高温挥发物主要是高沸点多环芳烃类物质。

第三阶段：着火阶段

当材料分解出的可燃气体与氧气充分混合后，就可能发生着火现象。材料着火过程与点火源和可燃组分浓度有关，并受材料属性如闪点、燃点、自燃点及氧指数等影响。

第四阶段：燃烧阶段

材料着火后释放的大量热量会加剧材料的分解，使得燃烧更加剧烈并发生扩散现象。材料的燃烧过程极其复杂，涉及传热、材料的热分解以及分解产物在气相和固相中的扩散与燃烧等一系列环节。

第五阶段：燃烧传播阶段

在热作用下，材料的表层首先被引燃，火焰向周围传播，而处于内层的材料难以被引燃。火焰的传播速率不仅取决于燃烧物质和周围可燃物的性质，还与材料的表面状况及暴露的程度有关。此外，燃烧传播必须先将材料表面的温度升高至引燃温度,这种升温是由向前火焰传播的热流量引起的。

四、燃烧与火灾的相互关系

火灾是一种特殊的燃烧现象,人们通常认为燃烧与火灾的过程是同步的,甚至完全是一个事物,但二者的关系并非如此简单,下面将进一步明确燃烧与火灾之间的关系。

(一)燃烧与火灾存在或产生的关系

并非所有的燃烧都会造成火灾。我们可以把不造成灾害的燃烧称为"有利燃烧",把造成灾害的燃烧称为"不利燃烧"。有利燃烧一旦失控会转变为不利燃烧,不利燃烧本身就是失控的,二者都可造成火灾。前者在实际中可能是用火不慎引起的,后者可能是故意放火。因此,当不利燃烧出现或有利燃烧失控时火灾才随之开始,但只要有火灾产生就一定有不利燃烧存在。由此可见,燃烧是火灾的必要条件。

(二)燃烧与火灾发展过程的关系

对于通常情况下的火灾,其燃烧过程一般会经历三个基本阶段:①不利燃烧产生或有利燃烧失控;②失控燃烧后发展壮大;③燃烧衰落熄灭。在失控燃烧发展的过程中,火灾的灾害程度不断累积增大,其既不会缩小也不会消失,只是增长速率发生了变化。由此可见,燃烧失控状态并不是度量火灾灾害程度的标尺。

(三)燃烧与火灾结束和延续的关系

一般情况下,随着燃烧失控状态的终止,火灾灾害也会停止增加,这通常被认为是火灾已被成功扑灭。然而，某些时候即使燃烧失控状态已终止，不利燃烧受控恢复为有利燃烧或燃烧彻底被熄灭，灾害也仍有继续增加的可能。例如，火灾被扑灭后，建筑物的倒塌、化学危险物品的泄漏等次生灾害可能造成人员伤亡或环境污染等其他问题。因此，火灾灾害程度的增加并不一定随燃烧受控或终止而停止。

五、灭火过程概述与基本原理

灭火过程就是破坏燃烧所具备的基本条件从而使燃烧终止的过程。灭火过程中需要满足两个基本条件：一是防止形成燃烧的基本条件，二是切断基本条件之间的相互作用。从物理角度来看，灭火就是终止各种燃烧的过程，即在燃烧区消除任何形式的燃烧的过程（如有焰燃烧、无焰燃烧、阴燃等）继续进行所需的条件。

正确认识燃烧现象，了解燃烧过程的发展规律和基本原理，掌握燃烧熄灭和终止的相关基础理论，是有效控制火灾和提高灭火效率的基础。这些燃烧理论基础不是孤立存在的，它们与灭火原理之间存在密切的联系。

六、灭火基础理论

（一）基于热着火理论的灭火基础理论

在反应系统中，一方面，可燃混合物在进行缓慢的氧化作用时放出热量从而使整个反应系统的温度升高；另一方面，整个系统又会向外散热，使整个反应系统的温度降低。

热着火理论认为，着火是反应放热因素与散热因素相互作用的结果。如果反应放热大于散热，则系统温度升高，系统的化学反应加快，可能发生自燃；如果反应散热大于放热，则系统温度降低，系统的化学反应减慢，不能发生自燃。

利用热着火理论进行灭火分析的出发点是使已着火系统的放热速度小于散热速度，使反应系统在燃烧过程中温度不断下降，最后由高温氧化逐步转化为低温氧化。

主要采取的灭火方法有以下三种。

1. 降低环境温度

任何物质的燃烧都必须达到一定的温度，这个极限温度称为"燃点"。可以使燃烧物的温度降低到燃点以下，从而终止燃烧。

2. 降低可燃物周围的氧气浓度

降低可燃物周围的氧气浓度可以降低其着火点。可以通过使用惰性气体（如氮气）来替换氧气，或者通过减少空气进入燃烧区域来实现。

3. 改善散热条件

改善系统的散热条件，使系统的热量更容易散发出去，也能达到灭火的目的。

（二）基于链锁反应理论的灭火基础理论

链锁反应理论认为，着火并非在所有情况下都是依靠热量的逐渐积累，也可以是在一定条件下使反应物产生少量的活性中心（自由基），引发链锁反应，随着链锁反应的不断进行，自由基逐渐积累，直至整个系统发生燃烧。自由基是一种瞬变的不稳定化学物质，可能是源自分子或其他中间物质，它们的反应活性非常强，往往是反应中的活性中心。链锁反应一旦发生，就可以经过许多链锁步骤自动发展下去，直至反应物全部消耗完为止。当活性中心由于某种原因全部消失时，链锁反应就会中断，燃烧也就会停止。因此，若要使已着火系统灭火，必须使系统中自由基的销毁速度大于增长速度。要加快这些自由基的销毁速度，可以采取以下三种措施。

1. 增加自由基在气相中的销毁速度

自由基在气相中碰到稳定分子后，会把本身的大部分能量传递给稳定分子，自由基则结合成稳定分子。鉴于此，可在着火系统中喷洒卤代烷等灭火剂，或在材料中加入卤代烷阻燃剂。

2. 降低系统温度，以减慢自由基增长速度

因为在链传递过程中由链分支产生的自由基增长是一个分解过程，需吸收能量。温度高，自由基增长速度快；温度低，自由基增长速度慢。所以，降低系统温度可以减慢自由基增长速度。

3. 增加自由基在固相器壁中的销毁速度

自由基碰到固相器壁，会把自己的大部分能量传递给固相器壁，本身则结合成稳定分子。为增加自由基碰撞固相器壁的机会，可以提高容器壁面积与容器体积的比值，或者在着火系统中加入惰性固体颗粒，如沙子、粉末灭火剂等，对链锁反应起抑制作用。

第二节　灭火基本方法

燃烧必须同时具备3个条件，即可燃物质、助燃物质和火源。灭火就是为了破坏已经产生的燃烧条件，只要能去掉其中一个燃烧条件，火即可熄灭。根据燃烧特性与灭火基础理论分析，可以得到四种灭火的基

本方法，分别是冷却灭火法、窒息灭火法、隔离灭火法、化学抑制灭火法。其中，冷却灭火法、窒息灭火法、隔离灭火法都是通过控制着火的物理过程来灭火，化学抑制灭火法则是通过控制着火的化学过程来灭火。

一、冷却灭火法

冷却灭火法的原理就是将灭火剂直接喷射到燃烧物上，以增加散热量，将燃烧物的温度降至燃点以下，使燃烧停止；或者将灭火剂喷洒在火源附近的物体上，使其不受火焰辐射热的威胁，避免形成新的火点。冷却灭火法是一种常用的灭火方法，常用水和二氧化碳作为灭火剂冷却降温灭火。灭火剂在灭火过程中不参与燃烧过程中的化学反应，这种方法属于物理灭火方法。

二、窒息灭火法

窒息灭火法是根据可燃物质燃烧需要足够的氧化剂（空气、氧）的条件，采取阻止空气进入燃烧区的措施，或断绝氧气而使物质燃烧终止。为了使燃烧终止，通常将水蒸气、二氧化碳、氮气或者其他惰性气体喷射入燃烧区域内，稀释燃烧区域内的氧气含量，阻止外界新鲜空气进入可燃区域，使可燃物质因缺少氧化剂而自行停止燃烧。当着火空间氧含量低于15%，或水蒸气含量高于35%，或二氧化碳含量高于35%时，绝大多数燃烧会终止。对于可燃物本身为化学氧化剂时，不能采用窒息灭火法灭火。

三、隔离灭火法

隔离灭火法根据发生燃烧必须具备可燃物的基本条件，切断可燃物供应，使燃烧终止。隔离灭火的具体措施包括：将着火物质周围的可燃物转移到安全地点，将可燃物与着火物分隔开来，中断可燃物向火场的供应，等等。

四、化学抑制灭火法

化学抑制灭火法就是抑制燃烧的自由基链锁反应，使燃烧终止。发生火灾时，向着火区域喷洒灭火剂，使灭火剂参与燃烧中的链锁反应，消耗传递过程中的自由基，使燃烧过程中的自由基数量逐渐减少，最终使其不能再发生燃烧，以达到灭火的目的；喷洒的灭火剂还具有冷却作用，可以降低整个燃烧系统的温度，降低系统中自由基增长的速度，当自由基的产生速度小于其消耗速度时，火焰便开始熄灭，从而达到灭火的目的。

五、典型火灾的灭火方法

火灾通常都会经历从小到大，逐步发展，直至熄灭的过程。火灾发生过程一般可分为初起、发展和衰减三个阶段。根据火灾发展的阶段性特点，必须抓紧时机力争将其扑灭在初起阶段；同时要认真研究不同火灾发展阶段的扑救措施，正确运用灭火方法，以有效地控制火势，尽快地扑灭火灾。

（一）化工企业火灾

扑救化工企业的火灾，一定要弄清起火单位的设备与工艺流程，着火物品的性质，是否已发生泄漏现象，有无发生爆炸，有无中毒的危险，有无安全设备及消防设备，等等。由于化工单位情况比较复杂，扑救难度大，起火单位的职工与工程技术人员要主动指导和帮助消防队一起灭火，其中灭火措施主要有以下几种。

1. 消除爆炸危险

如果在火场上遇到爆炸危险，应根据具体情况，及时采取各种防范措施，如打开反应器上的放空阀，驱散可燃蒸气或气体，关闭输送管道的阀门，等等，以防止爆炸发生。

2. 消灭外围火焰，控制火势发展

首先，消灭设备外围或附近建筑的火焰，以保护受火势威胁的设备、车间，对重要设备要加强保护，阻止火势蔓延扩大。然后，直接向火源进攻，逐步缩小燃烧面积，最后消灭火灾。

3. 射流灭火

当反应器和管道上呈火炬形燃烧时，可组织突击小组，配备必要数量的水枪，冷却燃烧部位并掩护消防员接近火源，采取关闭阀门或用窒息灭火法等措施扑灭火焰。必要时，也可以用水枪的密集射流来扑灭火焰。

4. 加强冷却，筑堤堵截

扑救反应器或管道上的火焰时，往往需要大量的冷却用水。为防止燃烧着的液体流散，有时可用砂土筑堤，加以堵截。

5. 正确使用灭火剂

由于化工企业的原料、半成品（中间体）和成品的性质不同，生产设备所处状态也不同，必须选用合适的灭火剂，在准备足够数量的灭火剂和灭火器材后，选择适当的时机灭火，以取得应有的灭火效果。此外，要避免因灭火剂选用不当而延误灭火时机，甚至引发爆炸等事故。

（二）油池火灾

油池多被工厂、车间用于物件淬火、燃料储备及产品周转。淬火油池和燃料储备池大多与建筑物毗邻，着火后易引起建筑物火灾，周转油池火灾面积较大，着火后火势猛烈。对油池火灾，多采用空气泡沫或干粉来灭火。对原油、残渣油或沥青等油池火灾，也可以用喷雾水或直流水进行扑救。火灾扑救过程中要将阵地布置在油池的上风方向，并根据油池的面积和宽度确定泡沫枪（炮）或水枪的数量。用水扑救原油、残渣油火灾时，开始喷射的水会被高温迅速分解，火势不但不会减弱，反而有可能增强；但坚持射水一段时间后，燃烧区温度会逐渐下降，火势会逐渐减弱而被扑灭。油池一般位置较低，火灾的辐射热对灭火人员的影响比地上油罐的火灾要大，因此，灭火时必须做好人员防护工作，一般应穿防护隔热服，必要时应用水喷雾对接近火源的管枪手和水枪手进行保护。

（三）液化石油气气瓶火灾

单个的气瓶大多在瓶体与角阀和调压器之间的连接处起火，产生横向或纵向的喷射性燃烧。瓶内液化气越多，喷射的压力越大，同时会发出"呼呼"的喷射声。如果瓶体没有受到火焰燃烤，气瓶逐渐滑压，一般不会发生爆炸。扑救这类火灾时，如果角阀没坏，要先关闭阀门，切断气源。可以戴上隔热手套或持湿抹布等，按顺时针方向将角阀关闭，火焰会随之熄灭。当瓶体温度很高时，要向瓶体浇水冷却，以降低气瓶温度，并向气瓶喷火部位喷射或抛撒干粉将火扑灭，也可以采用水枪对射的方法来灭火。压力不大的气瓶火灾，还可以用湿被褥覆盖瓶体将火熄灭。火焰熄灭后，要及时关闭阀门。当液化石油气气瓶的角阀损坏，无法关闭时，不要轻易降火扑灭，可以把燃烧的气瓶拖到安全的地点，对气瓶进行冷却，让其自然燃尽。如果必须在这种情况下灭火，一定要把周围的火种熄灭，并冷却被火焰烤热的物品和气瓶。

当液化石油气气瓶和室内物品同时燃烧时，气瓶受热泄压的速度会加快，气瓶喷出的火焰会加剧建筑和物品的燃烧。灭火过程中，应一面迅速阻断建筑和室内物品的燃烧，一面设法将燃烧的气瓶疏散至安全地点。在室内燃烧终止前，不能阻断气瓶的燃烧。当房屋或室内物品起火，直接烧烤液化石油气气瓶时，气瓶可能在几分钟内发生爆炸。在扑救时，一定要设法把气瓶疏散出去，如果气瓶燃烧时疏散不了，要先用水流进行冷却保护，并迅速消除周围火焰对气瓶的威胁。

当居民使用的液化石油气气瓶大量漏气，但尚未发生火灾时，不要轻易打开门窗排气，应先通知周围邻居熄灭一切火种，然后才能通风排气，并用湿棉被等将气瓶堵漏后搬到室外。

（四）仓库火灾

仓库是可燃物集中的场所，一旦发生火灾，极易造成严重损失。在进行仓库火灾扑救时，应根据仓库的建筑特点、储存物资的性质及火势等情况，加强第一批灭火力量，灵活运用灭火技术。在只见烟不见火的情况下，不能盲目行动，必须迅速查明以下情况。

（1）储存物资的性质、火源及火势蔓延的途径。

（2）灭火和疏散物资是否需要破拆。

（3）是否因烟雾弥漫而必须采取排烟措施。

（4）临近火源的物资是否已受到火势威胁，是否需要采取紧急疏散措施。

（5）库房内有无易爆、有毒物品，火势对其威胁程度如何，是否需要采取保护、疏散措施。

当易爆、有毒物品或贵重物资受到火势威胁时，应采取重点突破的方法进行扑救。灭火过程中，应选择火势较弱或能进能退的有利地形，集中数支水枪，强行打开通路，掩护抢救人员深入燃烧区，将这类物品抢救出来，转移到安全地点。对无法疏散的易爆物品，应用水枪进行冷却保护。在烟雾弥漫或有毒气体妨碍灭火时，要进行排烟通风。消防人员进入库房时，必须佩戴隔绝式消防呼吸器；进行排烟通风时，要做好水枪出水准备，防止在通风情况下火势扩大。扑救有爆炸危险的物品时，要密切关注火场变化情况，组织精干的灭火力量，争取速战速决。当发现有爆炸征兆时，应迅速将消防人员撤出。

对于露天堆垛火灾，应集中主要消防力量，采取下风堵截、两侧夹击的方式，防止火势向下风方向蔓延，并派出力量或组织职工监视与扑打飞火。当火势被控制住以后，可将几个物资堆垛的燃烧分隔开，逐步将火扑灭。扑救棉花、化学纤维、纸张及稻草等堆垛火灾时，要边拆分堆垛边喷水灭火。此外，对疏散出来的棉花、化学纤维等物资，还要进行拆包检查，消除隐患。

（五）化学危险品火灾

扑救化学危险品火灾，如果灭火方法不恰当，就有可能使火灾危害扩大，甚至导致爆炸、中毒事故发生，所以必须注意运用正确的灭火方法。

1.易燃和可燃液体火灾的灭火方法

液体火灾，特别是易燃液体火灾发展迅速而猛烈，有时甚至会发生爆炸。这类物品发生的火灾主要根据它们的密度大小、能否溶于水等选取最有利的灭火方法。

一般来说，对于比水轻又不溶于水的有机化合物，如乙醚、苯、汽油、轻柴油等物质发生火灾时，可用泡沫灭火器或干粉灭火器扑救。最初起火时，燃烧面积不大或燃烧物不多时，也可用二氧化碳灭火器或卤代烷灭火器扑救；但不能用水扑救，否则会导致易燃液体浮在水面上并随着水流扩散，使火势蔓延扩大。

针对能溶于水或部分溶于水的液体，如甲醇、乙醇等醇类物质，醋酸乙酯、醋酸丁酯等酯类物质，丙酮、丁酮等酮类物质发生火灾时，应用雾状水或抗溶型泡沫、干粉等灭火器扑救（最初起火或燃烧物不多时，也可用二氧化碳扑救）。

针对不溶于水且密度大于水的液体，如二硫化碳等着火时，可用水扑救，但覆盖在液体表面的水层必须有一定厚度，方能压制住火焰。

敞口容器内可燃液体着火，不能用砂土扑救。因为砂土非但不能覆盖液体表面，反而会沉积于容器底部，造成液面上升以致溢出，使火灾蔓延扩大。

2. 易燃固体火灾的灭火方法

易燃固体发生火灾时，一般都能用水、砂土、石棉毯、泡沫、二氧化碳、干粉等灭火材料扑救；但粉状固体如铝粉、铁粉、闪光粉等引发的火灾，不能直接用水、二氧化碳扑救，以避免粉尘被冲散在空气中形成爆炸性混合物而引发爆炸。如果要用水扑救，必须先用砂土、石棉毯覆盖后才能进行。

磷的化合物、硝基化合物和硫黄等易燃固体着火，燃烧时产生有毒和刺激性气体，灭火时人要站在上风向，以防中毒。

3. 遇水燃烧物品和自燃物品火灾的灭火方法

遇水燃烧物品（如金属钠等）的共同特点是，遇水后能发生剧烈的化学反应，放出可燃性气体而引起燃烧或爆炸。遇水燃烧物品火灾应用干砂土、干粉等灭火，严禁用水基灭火器和泡沫灭火器灭火。遇水燃烧物中，如锂、钠、钾、钨、锶等，由于化学性质十分活泼，能夺取二氧化碳中的氧而起化学反应，使燃烧更猛烈，所以也不能用二氧化碳灭火。磷化物、连二亚硫酸钠（保险粉）等引发火灾时能放出大量有毒气体，在扑救此类物品引发的火灾时，人应站在上风向。

自燃物品起火时，除三乙基铝和铝铁溶剂不能用水灭火外，一般可用大量的水进行灭火，也可用砂土、二氧化碳和干粉灭火器灭火。由于三乙基铝遇水产生乙烷可燃气体，而铝铁溶剂燃烧时温度极高，能使水分解产生氢气，所以这两类物质引发的火灾不能用水来灭火。

4. 氧化剂火灾的灭火方法

大部分氧化剂火灾都能用水扑救，但对过氧化物和不溶于水的液体有机氧化剂引发的火灾，应用干砂土或二氧化碳、干粉灭火器扑救，不能用水和泡沫灭火器扑救。这是因为过氧化物遇水反应能放出氧，加速燃烧，而不溶于水的液体有机氧化剂一般密度都小于水，如用水扑救会导致可燃液体浮在水面流淌而使火灾危害扩大。此外，粉状氧化剂火灾应用雾状水扑救。

5. 毒害物品和腐蚀性物品火灾的灭火方法

一般毒害物品着火时，可用水及其他灭火器灭火，但毒害物品中氰化物、硒化物、磷化物着火时，如遇酸可能产生剧毒或易燃气体。例如，氰化氢、磷化氢、硒化氢等着火，就不能用酸碱灭火器灭火，只能用雾状水或二氧化碳等灭火。

腐蚀性物品着火时，可用雾状水、干砂土、泡沫和干粉等灭火。硫酸、硝酸等酸类腐蚀品不能用加压密集水流灭火，因为密集水流会使酸液发热甚至沸腾、四处飞溅；而应当用水扑救化学危险物品火灾，特别是在扑救毒害物品和腐蚀性物品火灾时，还应注意节约用水，同时要尽可能使灭火后的污水流入污水管道。

（六）电气火灾

当电气设备发生火灾时，为了防止发生触电事故，一般要在切断电源后才进行扑救。

1. 断电灭火

电气设备发生火灾或引燃附近可燃物时，首先要切断电源。电源切断后，扑救方法与一般火灾扑救方法相同。切断电源时应注意以下几个方面。

（1）如果要切断整个车间或整个建筑物的电源，可在变电所、配电室断开主开关。在自动空气开关或油断路器等主开关没有断开前，不能随便拉隔离开关，以免产生电弧发生危险。

（2）电源刀开关在发生火灾时因受潮或受烟熏，其绝缘强度会降低，切断电源时最好用绝缘工具操作。

（3）切断电磁起动器控制的电动机时，应先按按钮开关切断电源，然后断开刀开关，防止带负荷操作产生电弧伤人。

（4）在动力配电盘上，只用作隔离电源而不用作切断负荷电流的刀开关或瓷插式熔断器，叫"总开关"或"电源开关"。切断电源时，应先断开电动机的控制开关，切断电动机回路的负荷电流，使各个电动机停止运转，再断开总开关，切断配电盘的总电源。

（5）当进入建筑物内，利用各种电气开关切断电源已经比较困难，或者已经不可能时，可以在上一级变配电所切断电源，但这样会影响较大范围的供电。当处于生活居住区的杆上变电台供电时，有时需要采取剪断电气线路的方法来切断电源。

（6）城市生活居住区的杆上变电台上的变压器和农村小型变压器的高压侧，多用跌开式熔断器保护。如果需要切断变压器的电源，可以用电工专用的绝缘杆断开跌开式熔断器，以达到断电的目的。

（7）电容器和电缆在切断电源后，仍可能有残余电压。为了安全起见，即使可以确定电容器或电缆已经切断电源，仍不能直接接触或搬动电缆和电容器，以防发生触电事故。

2. 带电灭火

有时在危急的情况下，如等待切断电源后再进行扑救，存在火势蔓延的危险或者断电后会严重影响生产，这时为了取得主动，扑救行动需要在带电的情况下进行。带电灭火时应注意以下几点。

（1）必须在确保安全的前提下进行，采用不导电的灭火剂，如二氧化碳、卤代烷、干粉等进行灭火。不能直接用导电的灭火剂，如直射水流、泡沫等进行喷射，否则会造成触电事故。

（2）使用小型二氧化碳、卤代烷、干粉灭火器灭火时，由于其射程较短，要注意保持一定的安全距离。

（3）在灭火人员穿戴绝缘手套和绝缘靴，水枪喷嘴安装接地线的情况下，可以应用喷雾水来灭火。

（4）如遇带电导线落于地面，要防止发生跨步电压触电，灭火人员进入火场必须穿上绝缘靴。

此外，有油的电气设备（如变压器、油开关）着火时，可用干砂盖住火焰，使火熄灭。

2

第二章

消防基础设施

第一节　建筑防火基础

为确保建筑物的消防安全，我国消防技术规范对建筑物在防火、控火、耐火、防烟和排烟（以下简称防排烟）、探火及灭火等方面做了相应的技术要求。

防火方面，主要是指在建筑总平面布局、建筑构造、建筑构件材料选取等环节破坏燃烧或爆炸的形成条件。

控火方面，主要是指在建筑内部划分防火分区，将火控制在局部范围内，阻止火势蔓延扩大。

耐火方面，主要是指要求建筑物应达到一定的耐火等级，保证在火灾高温的持续作用下，建筑主要构件在一定时间内不会被破坏，以阻止烟火蔓延，避免建筑结构失效或发生倒塌。

防烟和排烟方面，是指在建筑物内设置防排烟设施，用以防止火灾烟气蔓延扩散，为安全疏散和扑救火灾创造有利条件。

探火方面，主要是指预先在建筑物内设置火灾自动报警设施，用以实现火灾早期探测和报警，及时通知被困人员疏散，向有关消防设备发出控制信号，防止和减少火灾危害的发生。

灭火方面，主要是要求在建筑物内设置消火栓给水系统、自动灭火系统等灭火设施和灭火救援设施，用于扑灭火灾，以最大限度地减少火灾损失，保护人民群众的生命和财产安全。

一、建筑材料与建筑构件的燃烧性能

（一）建筑材料的燃烧性能

建筑材料的燃烧性能是指当材料燃烧或遇火时所发生的一切物理和（或）化学变化。其燃烧性能是依据在明火或高温作用下，材料表面的着火性、燃烧火焰传播性、发烟、炭化、失重以及毒性生成物的产生等特性来衡量的，是评价材料防火性能的一项重要指标。

根据建筑材料燃烧火焰传播速率、燃烧热释放速率、燃烧热释放量、燃烧烟气浓度及燃烧烟气毒性等燃烧特性参数，国家标准《建筑材料及制品燃烧性能分级》（GB 8624）将建筑材料及制品的燃烧性能分为A级、B1级、B2级、B3级四个级别。其中，A级为不燃材料（制品），B1级为难燃材料（制品），B2级为可燃材料（制品），B3级为易燃材料（制品）。

（二）建筑构件的燃烧性能

建筑构件是指构成建筑物的基础、墙体或柱、楼板、楼梯、门窗及屋顶承重构件等各个部分。建筑构件的燃烧性能和耐火极限是判定建筑构件承受火灾的能力的两个基本要素。建筑构件的燃烧性能是由制成建筑构件的材料的燃烧性能决定的，因此，建筑构件的燃烧性能取决于制成建筑构件的材料的燃烧性能。根据建筑材料燃烧性能的不同，建筑构件的燃烧性能可分为以下三类。

1. 不燃性

不燃性建筑构件是指用不燃烧性材料做成的建筑构件，如砖墙体、钢筋混凝土梁或楼板、钢屋架等构件。

2. 难燃性

难燃性建筑构件是指用难燃性材料做成的建筑构件，或用燃烧性材料做成而用非燃烧性材料做保护层的建筑构件，如经阻燃处理的木质防火门、木龙骨板条抹灰隔墙体、水泥刨花板等。

3.可燃烧性

可燃烧性建筑构件是指用燃烧性材料做成的建筑构件，如木柱、木屋架、木梁、木楼板等构件。

二、建筑耐火极限和耐火等级

（一）建筑构件的耐火极限

建筑构件的耐火极限是指在标准耐火试验条件下，建筑构件、配件或结构从受到火的作用时起，至失去承载能力、完整性或隔热性时止所用的时间，一般用小时（h）表示。

（二）建筑耐火等级

建筑耐火等级是指根据有关规范或标准的规定，建筑物、构筑物或建筑构件、配件、材料所应达到的耐火性分级。建筑耐火等级是衡量建筑物耐火程度的分级标准，它是由组成建筑物的墙体、柱、梁、楼板、屋顶承重构件等主要构件的燃烧性能和耐火极限决定的。

现行国家标准《建筑设计防火规范》（GB 50016）将建筑耐火等级从高到低划分为：一级耐火等级、二级耐火等级、三级耐火等级及四级耐火等级四类。建筑耐火等级的选择主要根据建筑物的重要性、建筑物的高度以及其在使用中的火灾危险性来确定，具体应符合国家消防技术标准的有关规定。例如，一类高层民用建筑的耐火等级应为一级，二类高层民用建筑以及单、多层重要公共建筑的耐火等级不应低于二级，裙房的耐火等级不应低于二级，高层民用建筑地下室的耐火等级应为一级。

（三）建筑构件燃烧性能、耐火极限与建筑耐火等级之间的关系

建筑构件的燃烧性能、耐火极限与建筑耐火等级三者之间有着密切的关系。在同样厚度和截面尺寸条件下，不燃烧体与燃烧体相比，前者的耐火等级要比后者高得多。不同耐火等级的建筑物除规定了建筑构件的最低耐火极限外，对其燃烧性能也有具体要求，概括起来就是：一级耐火等级建筑的主要构件均为不燃烧体。二级耐火等级建筑的主要构件，除吊顶为难燃烧体外，其余构件均为不燃烧体。三级耐火等级建筑的构件，对于工业建筑，除吊顶、屋顶承重构件以及非承重外墙、房间隔墙外，其他构件均为不燃烧体；对于民用建筑，除吊顶和房间隔墙外，其他构件均为不燃烧体。

三、建筑防火间距和防火分区

（一）防火间距

防火间距是指防止着火建筑在一定时间内引燃相邻建筑，便于消防扑救的间隔距离。

1. 防火间距的影响因素

影响防火间距的因素较多，条件各异。从火灾蔓延角度来看，主要有热辐射、热对流，外墙材料的燃烧性能及其开口面积大小，室内堆放的可燃物种类及数量，相邻建筑物的高度，室内消防设施设置情况，消防扑救力量，等等。

2. 防火间距的确定

为了防止建筑物发生火灾后，火势因热辐射等作用向相邻建筑物蔓

延，并为消防扑救创造条件，各类建（构）筑物、堆场、储罐、电力设施等之间均应保持一定的防火间距。

在综合考虑防止火势向邻近建筑蔓延扩散，满足消防车的最大工作回转半径与扑救场地的需要，以及节约用地等因素的基础上，现行国家标准《建筑设计防火规范》（GB 50016）、《汽车库、修车库、停车场设计防火规范》（GB 50067）等对各类建（构）筑物、堆场、储罐、电力设施等之间的防火间距均做了具体规定。

（二）防火分区

防火分区是指在建筑内部采用防火墙、楼板及其他防火分隔设施分隔而成，能在一定时间内防止火灾向同一建筑的其余部分蔓延的局部空间。

1. 划分防火分区的目的

建筑防火分区是控制建筑物火灾的基本空间单元。当建筑物的某个空间发生火灾时，火势便会从门、窗、洞口沿水平方向和垂直方向向其他部位蔓延扩散，最后发展成整座建筑的火灾。因此，在建筑物内划分防火分区的目的，就在于发生火灾时将火控制在局部范围内，阻止火势蔓延，以便于人员安全疏散，有利于消防扑救，减少火灾损失。

2. 建筑防火分区的类型

建筑防火分区分为水平防火分区和垂直防火分区两种。

（1）水平防火分区。

水平防火分区是指在同一个水平面内，采用具备一定耐火性能的防火分隔物（如防火墙或防火门、防火卷帘等），将该楼层在水平方向上分隔为若干个防火区域、防火单元，以阻止火势在水平方向蔓延。

（2）垂直防火分区。

垂直防火分区是指在上、下层分别用具备一定耐火性能的楼板和窗间墙等构件进行分隔，以防止火势沿着建筑物的各种竖向通道向上部楼层蔓延。

3. 建筑防火分区的划分原则

防火分区的划分应根据建筑物使用性质、火灾危险性、建筑物耐火等级、建筑物规模、室内容纳人员和可燃物的数量、消防扑救能力和力量配置、人员疏散难易程度及建设投资等进行综合考虑，既要从限制火势蔓延、减少损失方面考虑，又要顾及平时的使用管理，以节约投资。建筑防火分区的划分原则如下：①防火分区的划分必须与使用功能的布置相统一；②防火分区应保证安全疏散的正常和优先进行；③分隔物应首先选用固定分隔物；④越重要、越危险的区域防火分区的面积越小；⑤设有自动灭火系统的防火分区，其允许最大建筑面积可按要求增加1倍；⑥当建筑物局部设有自动灭火系统时，增加面积可按该局部面积的1倍计算。现行国家标准《建筑设计防火规范》（GB 50016）对防火分区的最大允许建筑面积做了明确规定。不同类别的建筑，其防火分区的划分有不同的标准。

四、安全出口与疏散出口

（一）安全出口

安全出口是指供人员安全疏散用的楼梯间和室外楼梯的出入口或直通室内外安全区域的出口。

（二）疏散出口

1. 疏散出口的含义

疏散出口包括安全出口和疏散门。疏散门是直接通向疏散走道的房间门、直接开向疏散楼梯间的门（如住宅的户门）或室外的门，不包括套间内的隔间门或住宅套内的房间门。

2.疏散出口设置的基本要求

民用建筑应根据建筑的高度、规模、使用功能和耐火等级等因素合理设置安全疏散设施。疏散门的位置、数量和宽度应满足人员安全疏散的要求。具体应符合以下基本要求。

（1）建筑内的安全出口和疏散门应分散布置，且应符合双向疏散的要求。

（2）公共建筑内各房间疏散门的数量应经计算确定且不应少于2个，每个房间相邻两个疏散门最近边缘之间的水平距离不应小于5米。

（3）其他场所疏散出口的设置要求应符合现行国家标准《建筑设计防火规范》（GB 50016）的规定。

五、疏散楼梯及楼梯间

疏散楼梯和楼梯间是建筑物发生火灾时供人员火场逃生的主要通道和交通枢纽，其防火性能和疏散能力直接影响着受困人员的生命安全与消防队员救灾工作的展开。楼梯间设置形式有以下四种。

（一）敞开楼梯间

1.敞开楼梯间的含义

敞开楼梯间是指建筑物内由墙体等围护构件构成的无封闭防烟功能，且与其他使用空间相通的楼梯间，也称"普通楼梯间"。此类楼梯间的典型特征是，楼梯与走廊或大厅都是敞开在建筑物内，在发生火灾时不能阻挡烟气进入，而且可能成为烟气向其他楼层蔓延的主要通道。

2. 敞开楼梯间的适用范围

敞开楼梯间的安全可靠程度不高，但使用方便、经济，是低、多层建筑常采用的基本形式。

（二）封闭楼梯间

1. 封闭楼梯间的含义

封闭楼梯间是指在楼梯间入口处设有门，能防止火灾产生的烟和热气进入楼梯间。封闭楼梯间有墙和门与走道分隔，比敞开楼梯间安全；但因其只设有一道门，在火灾情况下，进行人员疏散时难以保证不使烟气进入楼梯间，所以应对封闭楼梯间的使用范围加以限制。

2. 封闭楼梯间的适用范围

封闭楼梯间的适用范围如下。

（1）下列多层公共建筑的室内疏散楼梯应采用封闭楼梯间：医疗建筑、旅馆、老年人建筑，设置歌舞、娱乐、放映、游艺场所的建筑，商店、图书馆、展览建筑、会议中心及类似使用功能的建筑，6层及以上的其他建筑。

（2）高层建筑的裙房，建筑高度不超过32米的二类高层建筑，建筑高度大于21米且不大于33米的住宅建筑，其疏散楼梯间应采用封闭楼梯间。当住宅建筑的户门为乙级防火门时，可不设置封闭楼梯间。

（3）高层厂房以及甲、乙、丙类多层厂房的疏散楼梯间，应采用封闭楼梯间或室外楼梯间。高层仓库的疏散楼梯间应采用封闭楼梯间。

（三）防烟楼梯间

1. 防烟楼梯间的含义

防烟楼梯间是指在楼梯间入口处设置防烟的前室、开敞式阳台或凹廊（统称"前室"）等设施，且通向前室和楼梯间的门均为防火门，以防止火灾的烟和热气进入楼梯间。

2.防烟楼梯间的适用范围

发生火灾时，防烟楼梯间能够保障所在楼层人员安全疏散，是高层和地下建筑中常用的楼梯间形式。在下列情况下应设置防烟楼梯间。

（1）一类高层建筑及建筑高度超过32米的二类高层建筑。

（2）建筑高度超过33米的住宅建筑。

（3）建筑高度超过32米且任一层人数均超过10人的高层厂房。

（4）当地下层数为3层及3层以上，或地下室内地面与室外出入口地坪高差大于10米时。

（四）室外楼梯间

1.室外楼梯间的设置位置

室外楼梯间一般设置在建筑的外墙上，全部敞开与室外相连，且常布置在建筑端部。室外楼梯间不易受到烟火的威胁，防烟效果和经济性都较好，既可供人员疏散使用，又可供消防人员进入作业楼层扑灭火灾使用。

2.室外楼梯间的适用范围

室外楼梯间适用于高层厂房，甲、乙、丙类多层厂房，建筑高度超过32米且任一层人数均超过10人的高层厂房，以及辅助防烟楼梯间。

第二节 建筑消防设施

建筑消防设施主要用于建筑物的火灾报警、灭火、人员疏散、防火分隔及灭火救援行动。建筑消防设施种类多，功能全，使用普遍，按其使用功能不同，常用的建筑消防设施可分为火灾自动报警系统、防排烟系统、消火栓给水系统、自动灭火系统、消防应急广播和应急照明、安全疏散设施、移动式灭火器材、辅助逃生设备及消防安全标志等。本节仅对其中部分内容进行简要介绍。

一、火灾自动报警系统

火灾自动报警系统是以实现火灾早期探测和报警，向各类消防设备发出控制信号并接收设备反馈信号，进而实现预定消防功能为基本任务的一种自动消防设施，系统主要设备安装在消防控制室，在消防控制室就可实现楼宇消防全监控。

（一）系统的组成及工作原理

1. 系统的组成

火灾自动报警系统由触发装置、报警装置、警报装置、联动装置和电源等部分组成，构成了火灾探测报警系统和消防联动控制系统两大功能系统。

火灾探测报警系统由火灾报警控制器、触发器件和火灾警报装置等组成，能及时、准确地探测被保护对象的初起火灾，并做出报警响应，从而使建筑物中的人员有足够的时间在火灾尚未发展蔓延乃至危害生命安全的程度时疏散至安全地带，是保障人员生命安全的基本的建筑消防系统。

消防联动控制系统在火灾发生时，按设定的控制逻辑准确发出联动控制信号给消防泵、防火门、防火阀、防排烟阀和通风系统等消防设备，实现对灭火系统、疏散指示系统、防排烟系统及防火卷帘等消防设备的控制功能。当消防设备动作后将动作信号反馈给消防控制室并显示，实现对建筑消防设施的状态监视功能。

2. 系统工作原理

当火灾发生时，安装在保护区域现场的火灾探测器，将火灾产生的烟雾、热量和光辐射等火灾特征参数转变为电信号，经数据处理后，将火灾特征参数信息传输至火灾报警控制器；或者直接由火灾探测器做出火灾报警判断，将报警信息传输到火灾报警控制器。火灾报警控制器在接收到探测器传输的火灾特征参数信息或报警信息后，经报警确认判断，显示报警探测器的部位，记录探测器火灾报警的时间。处于火灾现场的人员，在发现火灾后可立即触动安装在现场的手动火灾报警按钮，手动火灾报警按钮便将报警信息传输到火灾报警控制器，火灾报警控制器在接收到手动火灾报警按钮发送的报警信息后，经报警确认判断，显示动作的手动报警按钮的部位，记录手动火灾报警按钮报警的时间。火灾报警控制器在确认火灾探测器和手动火灾报警按钮的报警信息后，驱动安装在被保护区域现场的火灾警报装置，发出火灾警报，向处于被保护区域内的人员警示火灾的发生；同时，消防联动控制器按照预设的逻辑关系对接收到的触发信号进行识别判断，在满足逻辑关系条件时，按控制时序启动相应自动消防系统，实现预设的消防功能。消防控制室的消防管理人员也可以通过操作消防联动控制器的手动控制盘直接启动相应的消防系统（设施），从而实现相应消防系统（设施）预设的消防功能。消防联动控制系统接收并显示消防系统（设施）动作的反馈信息。

（二）火灾探测器

火灾探测器是火灾自动报警系统的基本组成部分，通过探测火灾特征参数及时发现火灾，并向控制设备提供一个合适的信号。火灾探测器分感温探测器、感烟探测器、感光探测器、可燃气体探测器、复合探测器等基本类型。

1. 感温探测器

感温探测器是响应异常温度、温升速率和温差变化等参数的探测器。

2. 感烟探测器

感烟探测器是响应悬浮在大气中的燃烧和热解产生的固体或液体微粒的探测器，有离子感烟探测器、光电感烟探测器、红外光束感烟探测器等类型。

3. 感光探测器

感光探测器是响应火焰发出的特定波段的电磁辐射的探测器，又称"火焰探测器"，有紫外火焰探测器、红外火焰探测器及复合式火焰探测器等类型。

4. 可燃气体探测器

可燃气体探测器是响应火灾初期物质燃烧产生的烟气中某些气体的浓度，或液化石油气、天然气等环境中可燃气体的浓度和成分的探测器。

5. 复合探测器

复合探测器是一种将多种探测原理集于一身的探测器，有烟温复合火灾探测器、红外紫外复合火灾探测器等类型。

（三）消防控制室

消防控制室是安装火灾自动报警设备和消防控制设备，用于接收、显示、处理火灾报警信号，监控相关消防设施运行状况的专门处所，是最重要的消防设备用房之一，也是消防设施的中枢以及建筑发生火灾和日常火灾演练时的应急指挥中心。

1. 消防控制室的建筑防火

消防控制室的建筑防火规范如下。

（1）单独建造的消防控制室，其耐火等级不应低于二级。

（2）附设在建筑内的消防控制室，宜设置在建筑内首层的靠外墙部位，也可设置在建筑物的地下一层，但应采用耐火极限不低于2小时的隔墙和不低于耐火极限1.5小时的楼板，与其他部位隔开，并应设置直通室外的安全出口。

（3）消防控制室送、回风管的穿墙处应设防火阀。

（4）消防控制室内严禁有与消防设施无关的电气线路及管路穿过。

（5）不应设置在电磁场干扰较强以及其他可能影响消防控制设备工作的设备用房附近。

2. 消防控制室管理

消防控制室的管理规范如下。

（1）应实行每日24小时专人值班制度，每班不应少于2人，值班人员应持有初级以上建（构）筑物消防员国家职业资格证书，并能熟练操作消防设施。

（2）消防设施日常维护管理应符合《建筑消防设施的维护管理》（GB 25201—2010）的相关规定。

（3）应确保火灾自动报警系统、固定灭火系统和其他联动控制设备处于正常工作状态，不得将应处于自动控制状态的设备设置为手动控制状态。

（4）确保消防水泵、防排烟风机、防火卷帘等消防用电设备的配电柜启动开关处于自动位置或者通电状态。

3. 消防控制室的值班应急程序

消防控制室的值班人员应按照下列应急程序处置火灾。

（1）接到火灾警报后，值班人员应立即以最快的方式确认。

（2）火灾确认后，值班人员应立即确认火灾报警联动控制开关处于自动状态，同时拨打"119"报警，报警时应说明着火单位的地点、起火部位、着火物种类、火势大小、报警人姓名和联系电话。

（3）值班人员应立即启动单位内部应急疏散和灭火预案，并同时报告单位负责人。

（四）火灾自动报警系统的维护检查

1. 火灾探测器外观检查

检查火灾探测器表面及周围是否存在影响探测功能的障碍物；具有巡检指示功能的探测器，其巡检指示灯是否正常闪亮。

2. 区域显示器运行状态检查

检查区域显示器是否处于正常工作状态，工作状态指示灯是否处于点亮状态，是否存在遮挡物等影响观察的障碍物。

3. 阴极射线显像管（CRT）图形显示器运行状况检查

检查图形显示装置是否处于正常监控、显示工作状态，软件的各项功能是否能正常操作、显示，模拟产生火灾报警、监管报警、故障报警、联动设备动作；查看图形显示装置的信息显示、状态指示等各项功能是否正常，显示信息是否准确。

4.火灾报警控制器运行状况检查

检查控制器显示器件、指示灯功能是否正常，系统显示时间是否存在误差，打印机是否处于开启状态；观察火警指示灯、监管指示灯、故障指示灯、屏蔽指示灯的状态，判断控制器是否处于火灾报警、监管报警、故障报警状态，控制器是否屏蔽了有关火灾探测器，等等，观察消防控制中心系统主机的通信故障指示灯状态，判断主机与从机间通信是否有故障，查看电源故障指示灯状态，判断控制器电源是否处于故障状态。

5.消防联动控制器外观和运行状况检查

检查联动控制盘是否处于正常监控、无故障状态，操作按钮上对应被控对象的标志是否清晰、完整、牢固。

6.火灾手动报警按钮外观检查

检查标志是否清晰，面板是否有破损；具有巡检指示功能的手动报警按钮的指示灯是否正常闪亮；带有电话插孔的手动报警按钮的保护措施是否完好；手动报警按钮周围是否存在影响辨识和操作的障碍物。

7.火灾警报装置外观检查

检查火灾警报装置是否完好，周围是否存在影响观察、阻碍声音传播的障碍物。

8.其他系统组件检查

检查短路隔离器是否处于工作状态；信号输入模块安装是否牢固，工作状态指示灯是否闪亮；信号输入模块至监控对象的连接线保护措施是否完好、有效，是否松脱。

二、防排烟系统

防排烟系统的主要功能是将火灾产生的烟气及时排除，防止和延缓烟气扩散，保证疏散通道不受烟气侵害，确保建筑物内的人员能够顺利疏散、安全避难，同时为火灾扑救创造有利条件。

（一）防排烟系统的主要应用方式

1. 自然通风系统

自然通风是一种以热压和风压作用的、不消耗机械动力的经济的通风方式。当室外气流遇到建筑物时产生绕流流动，在气流的冲击下，将在建筑迎风面形成正压区，在建筑屋顶上部和建筑背风面形成负压区，这种建筑物表面所形成的空气静压变化即为风压。当建筑物受到热压、风压的共同作用时，外围护结构各窗孔就会产生内外压差引起的自然通风。

自然通风系统可以防止烟气进入疏散楼梯间及前室，为火场人员的疏散和消防人员进入火场灭火提供安全通道。封闭楼梯间（包括防烟楼梯间）应在最高部位设置面积不小于 1 平方米的可开启外窗或开口；当建筑高度大于 10 米时，应在楼梯间的外墙上每 5 层内设置总面积不小于 2 平方米的可开启外窗或开口。可开启外窗应方便开启，设置在高处的可开启外窗应设置距地面高度为 1.3~1.5 米的开启装置。

2. 自然排烟系统

自然排烟是充分利用建筑物的构造，在自然力的作用下把烟气排至室外的一种排烟方式。这种排烟方式的实质是使室内外空气对流进行排烟，自然排烟中必须有冷空气的进口和热烟气的排出口。一般采用可开启外窗及专门设置的排烟口进行自然排烟。

3.机械加压送风系统

机械加压送风是通过送风机所产生的气体流动和压力差来控制烟气的流动，即在建筑内发生火灾时，对着火区以外的有关区域进行加压送风，使其保持一定正压，以防止烟气侵入的一种防烟方式。机械加压送风系统主要由送风口、送风管道、送风机和吸风口组成，这些组成设施的设置要符合有关要求。采用机械加压送风系统的场所不应设置百叶窗、可开启外窗。

为保证疏散通道不受烟气侵害使人员安全疏散，在发生火灾时，从安全性的角度出发将高层建筑内分为四类安全区：第一类安全区为防烟楼梯间、避难层，第二类安全区为防烟楼梯间前室、消防电梯间前室或合用前室，第三类安全区为走道，第四类安全区为房间。依据上述原则，在进行加压送风时，各安全区压力由大到小依次为防烟楼梯间、前室、走道、房间，同时要保证各部分之间的压差不要过大，以免造成开门困难影响人员疏散。当火灾发生时，机械加压送风系统应能够及时开启，防止烟气侵入作为疏散通道的走廊、楼梯间及其前室，以确保有一个安全可靠、畅通无阻的疏散通道和环境，为安全疏散火场人员提供足够的时间。

4.机械排烟系统

机械排烟系统是由挡烟壁（活动式或固定式挡烟垂壁，或挡烟隔墙、挡烟梁）、排烟口（或带有排烟阀的排烟口）、排烟防火阀、排烟道、排烟风机和排烟出口组成。

当建筑物内发生火灾时，采用机械排烟系统将房间、走道等空间的烟气排至建筑物外。通常是由火场人员手动控制或由感烟探测器将火灾信号传递给防排烟控制器，开启活动式挡烟垂壁将烟气控制在发生火灾的防烟分区内，并打开排烟口以及和排烟口联动的排烟防火阀，同时关闭空调系统和送风管道内的防火调节阀，防止烟气从空调、通风系统蔓延到其他非着火房间，最后由设置在屋顶的排烟机将烟气通过排烟管道排至室外。

（二）防排烟系统的维护管理

防排烟系统的维护管理应遵循以下规范。

（1）防排烟系统应制定维护保养管理制度及操作规程。

（2）维护、管理人员应熟悉防烟、排烟系统的原理、性能和操作维护规程。

（3）排烟窗的温控释放装置、排烟防火阀的易熔片应有10%的备用件，且不少于10只。

（4）当防排烟系统采用无机玻璃钢风管时，应每年对该风管进行质量检查，检查面积应不少于风管面积的30%；风管表面应光洁，无明显泛霜、结露和分层现象。

（5）正常工作状态下，正压送风机、排烟风机、通风空调风机电控柜等受控设备应处于自动控制状态，严禁将受控的正压送风机、排烟风机、通风空调风机等电控柜设置在手动位置。

三、消火栓给水系统

消火栓给水系统是应用最为广泛的建筑消防设施，系统主要由消防给水设施、消防给水管网、消火栓设备等组成，在扑救火灾时由人操持水枪，利用消防射流灭火。因此，消火栓给水系统的基本要求就是保证必要的水压和水量。

消火栓给水系统以建(构)筑物外墙为界进行划分，分为室外消火栓给水系统和室内消火栓给水系统。

（一）室外消火栓给水系统

室外消火栓设置在室外消防给水管网上。其作用是供消防车（或其他移动灭火设备）从管网中取水，也可直接接出水带、水枪灭火。地上式消火栓适宜于气候温暖地区安装使用，操作便利；地下式消火栓适用于寒冷地区安装使用，可防冻。室外消火栓有2个或3个接口，大口径的为丝扣接口，直径150毫米或100毫米，供连接消防车吸水胶管使用；小口径的为内扣式接口，直径65毫米，供连接水带使用。室外消火栓沿道路设置，一般靠近十字路口，间距为120米，距道路边缘的距离不宜小于0.5米，不应大于2米，距房屋外墙的距离不小于5米，寒冷地区也可以用水鹤为消防车加水。地下式消火栓设置地点应设置相应的永久性固定标志。地上式消火栓在使用时，先用专用扳手打开出水口闷盖并接上水带或吸水管，再用专用扳手打开阀塞，即可出水；使用完毕后，应关闭阀塞并盖好出水口闷盖。地下式消火栓使用时，先打开消火栓井盖并拧下闷盖，再接上消火栓与吸水管的连接器（也可直接将吸水管接到出水口上）或接上水带，用专用扳手打开阀塞，即可出水；使用完毕应恢复原状。

室外消火栓外观及消火栓井环境情况检查：室外消火栓不得被埋压、圈占、遮挡，应标志明显，便于消防车停靠使用；组件不缺损；栓口不存在漏水现象。地下式消火栓井周围及井内没有积存杂物，入冬前消火栓的防冻措施到位且完好。

室外消火栓的使用方法如下：正常情况下需要两人协同配合。当发现火情时，两人同时跑到消防器材存放处，一人拿水枪、水带，一人拿消火栓扳手并跑向室外消火栓；然后一人向失火部位甩出水带并连接水枪，做好射水灭火的准备，另一人连接水带与消火栓接口，并用消火栓扳手打开消火栓出水灭火。使用消火栓灭火时一定要紧握水枪，以防止水枪脱落失控伤人。

（二）室内消火栓给水系统

室内消火栓由箱体、室内消火栓、消防接口、水带、水枪、消防软管卷盘等组成。消防软管卷盘拉出来打开阀门就可出水，无须将软管全部展开。

当火灾发生后，现场人员可打开消火栓箱，将水带与消火栓接口连接，打开消火栓的阀门，即可操作水枪灭火；同时按下消火栓箱内的报警按钮，向消防控制中心报警，消防联动控制系统启动消防水泵。在灭火初期，消防用水由高位消防水箱来保证（消防水箱中储存有10分钟的消防水量），随着消防水泵的正常运转，后期供水就由消防水池提供。需要特别指出的是，消防水泵一经启动，不得自动停泵，只能由现场工作人员在确认火灾被彻底扑灭时，手动控制停泵。

室内消火栓设备外观及配件完整情况检查：消火栓箱标志醒目、清晰，本体及周围不被遮挡，箱门外或箱体内贴有操作说明；打开消火栓箱门，箱内的水枪、水带、消火栓、报警按钮、阀门等配件齐全有效，水带与水带接口绑扎牢固，水带无霉变损坏；消火栓箱内配置有消防软管卷盘的，其胶管与小水枪、阀门等连接牢固，胶管没有粘连、开裂的情况；支架的转动机构灵活，转动角度能够满足使用要求；阀门操作手柄完好。

室内消火栓的使用方法如下：一般应由两人协同配合。一人打开消火栓箱门，迅速取下挂架上的水带或取出双卷水带甩出，手持接口的一端和水枪冲向起火处，途中将水枪和水带接口接好，并紧握水枪；另一人将水带接口的另一端连接在消火栓出水口上，接到出水指令后逆时针旋转消火栓手轮打开阀门，水即喷出。如果电气起火或着火部位有用电器具和电气线路，要确定切断电源后再向起火物射水。灭火时，同时按下手动火灾报警按钮。

一个人灭火时，可直接使用消防软管卷盘。操作时，向外转动卷盘，打开阀门，将小口径水枪（消防水喉）从软管卷盘上取下，直接拉出到合适位置，扳直水枪开关，即可喷水灭火。

四、自动灭火系统

自动灭火系统是一种能够在火灾发生时自动检测、报警并控制火灾的扩散的系统。它通过使用各种传感器、控制装置和灭火设备，对火灾进行快速、准确的判断和处理，能够有效地保护人们的生命财产安全。

自动灭火系统一般包括自动喷水灭火系统、气体灭火系统、干粉灭火系统、气溶胶灭火系统等。下面仅对部分自动灭火系统做简单介绍。

（一）自动喷水灭火系统

自动喷水灭火系统能在发生火灾时自动启动喷水灭火，在保护人身和财产安全方面具有安全可靠、经济实用、灭火成功率高等优点，因而得以广泛应用。

1. 系统主要组件

自动喷水灭火系统主要由以下组件构成。

（1）喷头。

喷头由玻璃泡、易熔合金热敏感元件、密封件等零件组成。平时喷头的出水口由释放机构封闭，达到公称动作温度时，玻璃泡破裂或易熔合金热敏感元件熔化，释放机构自动脱落，喷头开启并开始喷水。

（2）报警阀组。

报警阀是自动喷水灭火系统的专用阀门，是只允许水流入系统并在规定压力、流量下驱动配套部件报警的一种单向阀。平时由于自重作用，阀瓣坐落在阀座上，报警阀处于关闭状态。当喷头喷水灭火时，阀瓣上面的水压下降，下腔的水便顶开阀瓣，向洒水管网及动作喷头供水，同时水沿着报警阀的环形槽进入报警口，流向延迟器、水力警铃，警铃发出声响报警，压力开关向火灾自动报警控制器发送信号，启动自动喷水灭火系统的消防水泵。

（3）末端试水装置。

在管网末端易排水的地方，安装有末端试水装置，便于自动喷水灭火系统平时的启动检查。

2. 系统工作原理

自动喷水灭火系统在准工作状态时，由消防水箱内的水维持管道内水的压力。当发生火灾时，在火灾温度的作用下，喷头的易熔合金热敏感元件动作，喷头开启并开始喷水；此时，管网中的水由静止变为流动，水流指示器动作并发送电信号，在报警控制器上显示某一区域喷水的信息。由于持续喷水泄压造成湿式报警阀的上部水压低于下部水压，在压力差的作用下，原来处于关闭状态的湿式报警阀自动开启。此时，压力水通过湿式报警阀流向管网，同时打开通向水力警铃的通道，延迟器充满水后，水力警铃发出声响警报，压力开关动作并输出启动供水泵的信号。供水泵投入运行后，即完成自动喷水灭火系统的启动过程。除特殊规定外，系统持续喷水时间应不小于1小时。

自动喷水灭火系统适合在环境温度不低于4℃且不高于70℃的环境中使用。环境温度低于4℃或高于70℃的场所，应采用特殊形式的自动喷水灭火系统，如干式自动喷水灭火系统、预作用自动喷水灭火系统。

3. 自动喷水灭火系统的维护检查

自动喷水灭火系统的维护检查主要包括以下内容。

（1）喷头外观检查。

检查喷头本体是否变形，是否存在附着物、悬挂物，喷头周围是否存在影响及时响应火灾温度、影响洒水的障碍物。

（2）报警阀组外观检查。

检查报警阀组件是否齐全完整，报警阀前后的控制阀门、通向延时器的阀门是否处于开启状态，报警阀组上下压力表显示值是否相近且达到设计要求，报警阀组是否有注明系统名称和保护区域的标志。

（3）系统功能检查。

利用末端试水装置进行系统功能检查。首先打开试验阀，检查排水措施是否畅通，观察压力表读数是否不低于 0.05MPa（兆帕）；报警阀组是否动作，水力警铃应发出刺耳的声响，火灾自动报警系统应显示压力开关和水流指示器的反馈信号。

（二）气体灭火系统

气体灭火系统是以一种或多种气体作为灭火介质，通过这些气体在整个防护区内或保护对象周围的局部区域建立起灭火浓度实现灭火。气体灭火系统具有灭火效率高、灭火速度快、保护对象无污损等优点，适用于保护具有较高价值的文物等对象。

1. 系统工作原理

气体灭火系统由灭火剂储存装置、启动分配装置、输送释放装置、监控装置等组成，一般有自动启动、手动启动、机械应急操作 3 种启动方式。

2. 防护区的要求

环境对气体灭火系统的灭火成败有很大影响，因此保护对象的环境条件要符合一定的要求：防护区封闭不能遭到损坏，围护结构及门窗的耐火极限均不宜低于 0.5 小时，吊顶的耐火极限不宜低于 0.25 小时；门及开口应能自动关闭；疏散通道和安全出口完善，保证防护区内所有人员可在 30 秒内撤离完毕；防护区的入口处应设火灾声、光报警器和灭火剂喷放指示灯,以及防护区采用的相应气体灭火系统的永久性标志牌。灭火后的防护区在通风换气后人员方可进入,单位宜配置空气呼吸器。

3. 气体灭火系统的维护检查

气体灭火系统的维护检查工作包括以下内容。

（1）气体灭火控制器工作状态检查。

观察面板上各类状态指示灯,判断系统是否处于无故障、正常运行状态；检查紧急启动按钮防误操作保护措施是否完好；等等。

（2）储瓶间环境检查。

检查储瓶间标志是否醒目,门是否朝外开启,通风措施是否完好,房间内是否堆放了杂物,监控装置是否能正常工作,工作电源是否满足消防电源供电要求。

（3）储瓶外观检查。

查看瓶组装置外观是否存在锈蚀情况；检查组件是否完整,标志是否清晰、完好,瓶组安装是否牢固,组件之间的连接是否松脱,灭火剂钢瓶瓶肩上是否有制造钢印、检验钢印（判定钢瓶是否存在未检验、达到报废年限的情况）,低压二氧化碳灭火系统的制冷装置工作是否正常,安全阀出口是否通畅,保温措施是否完好,瓶头阀限位措施是否处于正常松开状态,压力表指针是否处于绿色区域,集流管上的安全泄压阀是否完好。

（4）选择阀及驱动装置等组件的外观检查。

检查选择阀及驱动装置的组件是否完整,标志是否醒目,防护区标志是否与其相对应,与选择阀相连接的管道是否松脱,手动操作机构是否灵活。

（5）喷嘴外观检查。

检查喷头与管道的连接是否完好,喷头是否被遮挡、拆除,灭火剂输送管道上的信号反馈装置及连接线是否完好。

(6) 称重检漏装置外观检查。

检查称重检漏装置是否处于工作状态, 灯光显示、声响器件是否能正常工作, 灭火剂存量是否充足。

(7) 防护区内外环境检查。

检查防护区入口处灭火系统防护标志是否设置且完好, 防护区疏散门附近现场操作设备、机械应急操作设备的防误操作保护措施是否完好, 声光报警器、放气门灯是否完好, 防护区是否发生面积、容积、建筑构件等方面的改变, 防护区消防联动控制设备和机械排风设备是否处于自动运行、联动状态, 防护区外专用的空气呼吸器或氧气呼吸器是否完好。

五、安全疏散设施

为避免被困人员因火烧、缺氧窒息、烟雾中毒和房屋倒塌受到伤害, 尽快让被困人员疏散逃生到安全区域, 保证消防人员迅速接近起火部位展开救援, 必须在建设工程内设置相应的安全疏散设施。安全疏散设施包括消防应急照明和疏散指示系统、消防应急广播系统等。

(一) 消防应急照明和疏散指示系统

消防应急照明和疏散指示系统是指在发生火灾时, 为人员疏散、逃生、消防作业提供指示或照明的各类灯具, 是建筑中不可或缺的重要消防设施。正确地选择消防应急灯具的种类, 合理地设计、安装及科学地使用消防应急灯具对充分发挥系统的性能, 保证消防应急照明和疏散指示标志在发生火灾时能有效地指导人员疏散和消防人员的消防作业, 具有十分重要的作用和意义。

1.消防应急照明和疏散指示系统的设置场所及要求

消防应急照明和疏散指示系统的设置应遵循以下规范。

（1）除建筑高度小于27米的住宅建筑外，民用建筑、厂房和丙类仓库的下列部位也应设置疏散照明：封闭楼梯间、防烟楼梯间及其前室、消防电梯间的前室或合用前室、避难走道、避难层（间），观众厅、展览厅、多功能厅以及建筑面积大于200平方米的营业厅、餐厅、演播室等人员密集的场所，建筑面积大于100平方米的地下或半地下公共活动场所，公共建筑内的疏散走道，人员密集的厂房内的生产场所及疏散走道。

（2）公共建筑、建筑高度大于54米的住宅建筑、高层厂房（库房）以及甲、乙、丙类单、多层厂房，应设置灯光疏散指示标志，且应符合下列规定：应设置在安全出口和人员密集场所的疏散门的正上方，应设置在疏散走道及其转角处距地面高度1米以下的墙面或地面上。灯光疏散指示标志的间距不应超过20米；对于袋形走道，间距不应超过10米；在走道转角区，间距不应超过1米。

（3）消防控制室、消防水泵房、自备发电机房、配电室、防排烟机房以及发生火灾时仍需正常工作的消防设备房应设置备用照明，其作业面的最低照度不应低于正常照明的照度。

（4）下列建筑或场所应在疏散走道和主要疏散路径的地面上增设能保持视觉连续的灯光疏散指示标志或蓄光疏散指示标志：总建筑面积大于8000平方米的展览建筑；总建筑面积大于5000平方米的地上商店；总建筑面积大于500平方米的地下或半地下商店；歌舞娱乐放映游艺场所；座位数超过1500个的电影院、剧场，座位数超过3000个的体育馆、会堂或礼堂；车站、码头建筑和民用机场航站楼中建筑面积大于3000平方米候车、候船厅及航站楼的公共区。

（5）疏散照明灯具应设置在出口的顶部、墙面的上部或顶棚上，备用照明灯具应设置在墙面的上部或顶棚上。

2.建筑内疏散照明的地面最低水平照度

建筑内疏散照明的地面最低水平照度应符合以下要求。

（1）对于疏散走道，疏散照明的地面最低水平照度不应低于1Lx（照度）。

（2）对于人员密集场所、避难层（间），疏散照明的地面最低水平照度不应低于3Lx；对于病房楼或手术部的避难层，疏散照明的地面最低水平照度不应低于10Lx。

（3）对于楼梯间、前室或合用前室、避难走道，疏散照明的地面最低水平照度不应低于5Lx。

（二）消防应急广播系统

消防应急广播系统是火灾情况下的专用广播设备。当有火警或其他灾害与突发性事件发生时，通过中心指挥系统将有关指令或事先准备播放的内容，及时、准确地广播出去。

六、防火分隔设施

防火分隔设施是指能在一定时间内把火势控制在一定空间内，有效阻止其蔓延扩大的一系列分隔设施。各类防火分隔设施一般在耐火稳定性、完整性和隔热性等方面具有不同的要求。常用的防火分隔设施有防火墙、防火隔墙、防火门窗、防火卷帘、防火阀、阻火圈和防火玻璃墙等。下面仅对防火门和防火卷帘做简要介绍。

（一）防火门

防火门，是指在一定时间内，连同框架能满足耐火稳定性、完整性和隔热性要求的门。防火门是设置于防火分区之间或疏散楼梯间、安全出口间、消防电梯前室及垂直竖井等部位且具有一定耐火极限，在发生火灾时能自行关闭的一种活动式防火分隔物。

防火门按开闭状态的不同，可分为常开防火门和常闭防火门两种类型。设置在建筑内经常有人通行处的防火门宜采用常开防火门。常开防火门应能在火灾发生时自行关闭，并应有信号反馈的功能。除允许设置常开防火门的位置外，其他位置的防火门均应采用常闭防火门。常闭防火门应在其明显位置设置保持门关闭的提示标志。

（二）防火卷帘

防火卷帘是平时卷放在门、窗、洞口上方或侧面的转轴箱内，火灾时将其放下展开，在一定时间内连同框架能满足耐火稳定性和完整性要求，用以阻止火势从门、窗、洞口蔓延的一种活动式防火分隔物。

防火卷帘一般设置在电梯厅、自动扶梯周围，中庭与楼层走道、过厅相通的开口部位，生产车间中大面积工艺洞口，设置防火墙有困难的部位，等等。

七、移动式灭火器材

移动式灭火器材是相对固定式灭火器材而言的，即可以人为移动的各类灭火器具，如灭火器、灭火毯、消防梯、消防钩、消防斧、安全锤、消防桶等。除此之外，一些其他器材和工具也能够起到灭火和辅助逃生等作用，如防毒面具、消防手电、消防绳、消防沙、蓄水缸等。下面对灭火器做简单介绍。

灭火器是一种由人力手提或推拉至着火点附近，手动操作并在其内部压力作用下，将所充装的灭火剂喷出实施灭火的常规灭火器具。当建筑物发生火灾，在固定灭火系统尚未启动，且消防队尚未到达火场之前，火灾现场人员可使用灭火器先行灭火，既能有效扑灭各类保护场所的初起火灾，还可以减少灭火系统启动的耗费。

（一）灭火器的设置场所

根据《建筑设计防火规范》（GB 50016）等国家有关标准的规定，厂房、仓库、储罐（区）和堆场，以及高层住宅建筑的公共部位和公共建筑内均应设置灭火器。

（二）灭火器的设置要求

灭火器的设置应遵循以下要求。

（1）灭火器应设置在位置明显且便于取用的地点，同时不得影响安全疏散。

（2）对有视线障碍的设置点，应设置指示灭火器位置的发光标志。

（3）灭火器的摆放应稳固，其铭牌应朝外。手提式灭火器宜设置在灭火器箱内或挂钩、托架上，其顶部离地面的高度不应超过1.5米，底部离地面的高度不宜小于0.08米。灭火器箱不得上锁。

（4）灭火器不应设置在潮湿或强腐蚀性的地点。当必须设置时，应有相应的保护措施。灭火器设置在室外时，也应有相应的保护措施。

（5）灭火器不得设置在超出其使用温度范围的地点。

（6）一个计算单元内配置的灭火器数量不得少于2具，每个设置点的灭火器数量不宜多于5具。

第三节　灭火救援设施

灭火救援设施，主要是指消防车道、救援场地和入口、消防电梯及直升机停机坪等。

一、消防车道

消防车道是供消防车灭火时通行的道路。设置消防车道的目的在于一旦发生火灾，能够确保消防车畅通无阻，迅速到达火场，为及时扑灭火灾创造条件。

（一）应设置消防车道的场所

以下场所应设置消防车道。

（1）工厂、仓库区内应设置消防车道。高层厂房，占地面积大于3000平方米的甲、乙、丙类厂房以及占地面积大于1500平方米的乙、丙类仓库，应设置环形消防车道，确有困难时，应沿建筑物的两个长边设置消防车道。

（2）高层民用建筑，超过3000个座位的体育馆，超过2000个座位的会堂，占地面积大于3000平方米的商店建筑、展览建筑等单、多层公共建筑应设置环形消防车道，确有困难时，可沿建筑的两个长边设置消防车道；对于住宅建筑和山坡地或河道边临空建造的高层建筑，可沿建筑的一个长边设置消防车道，但该长边所在建筑立面应为消防车登高操作面。

（3）有封闭内院或天井的建筑物，当内院或天井的短边长度超过24米时，宜设置进入内院或天井的消防车道；当该建筑物沿街时，应设置连通街道和内院的人行通道（可利用楼梯间），其间距不宜大于80米。

（4）街区内的道路应考虑消防车通行问题，道路中心线间的距离不宜超过160米。当建筑物沿街道部分的长度超过150米或总长度超过220米时，应设置穿过建筑物的消防车道。确有困难时，应设置环形消防车道。

（5）可燃材料露天堆场区，液化石油气储罐区，甲、乙、丙类液体储罐区和可燃气体储罐区，应设置消防车道。

（6）占地面积大于3万平方米的可燃材料堆场，应设置与环形消防车道相通的中间消防车道，消防车道的间距不宜超过150米。液化石油气储罐区，甲、乙、丙类液体储罐区和可燃气体储罐区内的环形消防车道之间宜设置连通的消防车道。消防车道的边缘距离可燃材料堆垛不应小于5米。

（7）供消防车取水的天然水源和消防水池处应设置消防车道。消防车道的边缘距离取水点不宜超过2米。

（二）消防车道的设置要求

（1）为保证消防车道满足消防车通行和扑救建筑火灾的需要，消防车道应符合下列基本要求。

①消防车道的净宽度和净空高度均不应小于4米。

②转弯半径应满足消防车转弯的要求。

③消防车道与建筑之间不应设置妨碍消防车操作的树木、架空管线

等障碍物。

④消防车道靠建筑外墙一侧的边缘距离建筑外墙不宜小于5米。

⑤消防车道的坡度不宜大于8%。

（2）环形消防车道至少有两处与其他车道连通。尽头式消防车道应设置回车道或回车场，回车场的面积不应小于12米×12米；对于高层建筑，回车场的面积不宜小于15米×15米；供大型消防车使用时，回车场的面积不宜小于18米×18米。

（3）消防车道的路面以及消防车道下面的管道和暗沟等，应能承受重型消防车的压力。

（4）消防车道可利用城乡、厂区等的道路，但该道路应满足消防车通行的净高度、净宽度、地面承载力、转弯半径和停靠的要求，并保证畅通。

（5）消防车道不宜与铁路正线平交，确需平交时，应设置备用车道，且两车道的间距不应小于一列火车的长度。

二、救援场地和入口

救援场地和入口是建筑物发生火灾时，消防救援人员展开有效灭火救援行动以及救助被困人员时用到的重要设施，主要包括消防车登高操作场地、专用入口和灭火救援窗等。

（一）消防车登高操作场地

消防车登高操作场地是指在高层建筑的消防登高面一侧地面设置的消防车道和供消防车停靠并进行灭火救援的作业场地。

消防车登高操作场地的设置，应符合下列要求。

（1）高层建筑应至少沿一个长边或周边长度的1/4且不小于一个

长边长度的底边连续布置消防车登高操作场地,该范围内的裙房进深不应大于 4 米;建筑高度不超过 50 米的建筑,连续布置消防车登高操作场地确有困难时,可间隔布置,但间隔距离不宜大于 30 米,且消防车登高操作场地的总长度仍应符合上述规定。

(2)消防车登高操作场地与厂房、仓库、民用建筑之间不应设置妨碍消防车操作的树木、架空管线等障碍物和车库出入口。

(3)消防车登高操作场地的长度和宽度分别不应小于 15 米和 8 米。对于建筑高度不小于 50 米的建筑,消防车登高操作场地的长度和宽度均不应小于 15 米。

(4)消防车登高操作场地及其下面的建筑结构、管道和暗沟等,应能承受重型消防车的压力。

(5)消防车登高操作场地应与消防车道连通;场地靠建筑外墙一侧的边缘距离建筑外墙不宜小于 5 米,且不应大于 10 米;场地的坡度不宜大于 3%。

(二)专用入口

在进行灭火救援时,消防人员一般要通过建筑物直通室外的楼梯间或入口进入着火楼层,并对该层及其上、下楼层进行内攻灭火和搜索救人。为使消防员能尽快安全到达着火层,应在与消防车登高操作场地相对应的建筑物部分设置直通室外的楼梯或直通楼梯间的专用入口。

(三)灭火救援窗

灭火救援窗,是指在建筑物的消防登高面一侧外墙上设置的供消防人员快速进入建筑主体且便于识别的灭火救援窗口。

1. 灭火救援窗的设置场所

厂房、仓库、公共建筑的外墙应在每层的适当位置设置可供消防救援人员进入的灭火救援窗。

2.灭火救援窗的设置要求

灭火救援窗的设置应遵循以下要求。

（1）灭火救援窗设置的位置应与消防车登高操作场地相对应，并设置易于在室外识别的明显标志。

（2）各灭火救援窗口的间距不宜大于20米，且每个防火分区应设置不少于2个灭火救援窗。

（3）灭火救援窗口的净高度和净宽度应分别不小于0.8米和1米，下沿距室内地面不宜大于1.2米，窗口的玻璃应易于破碎。

三、消防电梯

消防电梯是高层建筑特有的灭火救援设施。设置消防电梯的目的主要是为火灾情况下消防人员及时登楼和运送消防器材创造条件，为控制火势蔓延和扑救赢得时间。

（一）消防电梯的设置场所

下列建筑应设置消防电梯。

（1）建筑高度大于33米的住宅建筑。

（2）一类高层公共建筑以及建筑高度大于32米的二类高层公共建筑。

（3）设置消防电梯的建筑的地下或半地下室，埋深大于10米且总建筑面积大于3000平方米的其他地下或半地下建筑（室）。

（4）建筑高度大于32米且设置有电梯的高层厂房（仓库）。

符合下列条件的建筑可不设置消防电梯。

（1）建筑高度大于32米且设置有电梯，任一层工作平台上的人数不超过 2 人的高层塔。

（2）局部建筑高度大于 32 米，且局部高出部分的每层建筑面积不大于 50 平方米的丁、戊类厂房。

（二）消防电梯的设置要求

（1）消防电梯的设置应满足下列基本要求。

①消防电梯应能每层停靠。

②消防电梯的载重量不应小于 800 千克。

③消防电梯从首层至顶层的运行时间不宜超过 60 秒。

④消防电梯的动力与控制电缆、电线、控制面板应采取防水措施。

⑤在首层的消防电梯入口处应设置供消防队员专用的操作按钮。

⑥消防电梯轿厢的内部装修应采用不燃材料。

⑦消防电梯轿厢内部应设置专用消防对讲电话。

（2）消防电梯应分别设置在不同防火分区内，且每个防火分区应设置不少于 1 台。相邻两个防火分区可共用 1 台消防电梯；建筑高度大于 32 米且设置电梯的高层厂房（仓库），每个防火分区内宜设置 1 台消防电梯。

（3）符合消防电梯要求的客梯或货梯可兼作消防电梯。

（4）除设置在仓库连廊、冷库穿堂或谷物筒仓工作塔内的消防电梯外，其他消防电梯均应设置前室，并应符合下列规定。

①前室宜靠外墙设置，并应在首层直通室外或经过长度不超过 30 米的通道通向室外。

②前室的使用面积不应小于 6 平方米；与防烟楼梯间合用的前室，对于公共建筑、高层厂房（仓库），使用面积不应小于 10 平方米；对于住宅建筑，前室的使用面积不应小于 6 平方米。当住宅建筑采用剪刀楼梯且前室与消防电梯前室合用时，其使用面积不应小于 12 平方米，

且短边不应小于 2.4 米。

③除前室的出入口、前室内设置的正压送风口和住宅建筑的户门采用乙级防火门外，前室内不应开设其他门、窗、洞口。

④前室或合用前室的门应采用乙级防火门，不应设置卷帘。

（5）消防电梯井、机房与相邻电梯井、机房之间应设置耐火极限不低于 2 小时的防火隔墙，隔墙上的门应采用甲级防火门。

（6）消防电梯的井底应设置排水设施，排水井的容量不应小于 2 立方米，排水泵的排水量不应小于 10L/s（升/秒），且消防电梯间前室的门口宜设置挡水设施。

（三）消防电梯的操作使用方法

消防电梯的操作使用方法如下。

（1）消防人员在消防控制室了解到消防电梯所在位置后，首先根据火灾报警控制器显示屏、打印机所显示的报警部位，判断消防电梯前室及电梯井内是否有烟，并向消防控制室值班人员询问消防电梯是否处于完好有效状态。

（2）确认消防电梯处于完好有效状态后，将消防电梯紧急迫降到首层，组织有关人员携带照明灯具、防护装备、通信工具等进入消防电梯到达需要救援的楼层，营救被困人员。

四、直升机停机坪

直升机停机坪是超高层建筑特有的消防救援设施，设置直升机停机坪的目的主要是为利用直升机营救超高层建筑中被困于屋顶的避难者创造条件。

（一）直升机停机坪的设置场所

建筑高度大于100米且标准层建筑面积大于2000平方米的公共建筑，宜在屋顶设置直升机停机坪或供直升机实施救援的设施。

（二）直升机停机坪的设置要求

设置直升机停机坪时，应满足下列要求。

（1）直升机停机坪设置在屋顶平台上时，距离设备机房、电梯机房、水箱间或共用天线等突出物不应小于5米。

（2）建筑通向停机坪的出口不应少于2个，每个出口的宽度不宜小于0.9米。

（3）直升机停机坪四周应设置航空障碍灯，并应设置应急照明。

（4）在停机坪的适当位置应设置消火栓。

（5）直升机停机坪的设置必须符合国家现行航空管理有关标准的规定。

3

第三章

消防技术装备

第一节　消防技术装备概述

消防技术装备是成功扑救火灾和完成应急救援行动的物质基础，只有熟悉和掌握消防技术装备的技术性能及应用，才能在灭火救援中制定出与之相适应的战术对策，充分发挥器材装备的效能。

一、消防技术装备的分类

消防技术装备是用于灭火救援及其保障的车辆、器材、机械、装具和灭火剂的统称，它是构成灭火救援能力的基本要素之一。

消防技术装备按照使用功能不同可分为消防员个人防护装备、救助装备（如破拆装备、登高装备、救生装备、火灾探测装备等）、灭火装备与设备（如灭火器、吸水装备、射水装备、消防泵、消防车、消防艇、消防飞机、消防坦克、消防机器人等）、灭火剂（如水、泡沫等）四类。

二、消防技术装备配备

目前，我国消防救援队伍的装备配备主要遵循《城市消防站建设标准》（建标152—2017）、《消防特勤队（站）装备配备标准》（XF 622—2013）、《消防员个人防护装备配备标准》（XF 621—2013）等标准。下面主要对《城市消防站建设标准》（建标152—2017）、《消防员个人防护装备配备标准》（XF 621—2013）做简单介绍。

（一）《城市消防站建设标准》（建标 152—2017）

《城市消防站建设标准》（建标 152—2017）（以下简称《标准》）遵循国家基本建设和消防工作的有关方针、政策，结合我国消防工作任务和消防站的实际需要，借鉴了国外消防站建设经验，确定了有关技术指标。在广泛征求意见的基础上，由住房城乡建设部、国家发展改革委批准发布。

《标准》第六章"装备标准"主要规定了普通消防站装备的配备，应适应扑救本辖区内常见火灾和处置一般灾害事故的需要；特勤消防站装备的配备，应适应扑救特殊火灾和处置特种灾害事故的需要；战勤保障消防站的装备配备，应适应本地区灭火救援战勤保障任务的需要。

特勤消防站应急救援器材配备品种及数量、普通消防站的应急救援器材配备品种及数量、消防站消防员基本防护装备配备品种及数量，以及消防员特种防护装备配备品种及数量在《标准》附录中做了规定，其技术性能应符合国家有关标准的要求。根据灭火救援需要，特勤消防站可视情况配备消防搜救犬，并建设相应设施，配备相关器材。消防站通信装备的配备，应符合现行国家标准《消防通信指挥系统设计规范》（GB 50313—2013）和《消防通信指挥系统施工及验收规范》（GB 50401—2007）的规定。《标准》对消防站应设置单双杠、独木桥、板障、软梯及室内综合训练器等技能、体能训练器材做了规定；要求消防站的消防水带、灭火剂等易损耗装备，应按照不低于投入执勤配备量1:1的比例保持库存备用量。

（二）《消防员个人防护装备配备标准》（XF 621—2013）

消防员个人防护装备是消防员实施灭火救援行动过程中所佩戴和

使用的防护设备或专用工具，其主要作用是提高消防员的战斗力以及保护消防员的人身安全。消防员个人防护装备包括消防员呼吸保护装备、消防员防护服装及其他佩戴类防护装备。2013年1月10日起实施的《消防员个人防护装备配备标准》（XF 621—2013）规定，每个消防员应配备的基本防护装备共三类。消防员的个人防护装备配备是保证其人身安全的重要基础。

第二节　消防器具

一、吸水输水装备

吸水输水装备包括水带、吸水管、分水器和集水器。

（一）水带

水带是向火场输送灭火剂的重要器材。水带由传统的麻制水带、棉制水带，已发展到全部采用衬里水带。例如，新型涂聚氨酯水带因其质量轻、耐高压，逐渐得到了广泛应用。

水带使用时应注意以下事项：水带与接口连接时，应垫上一层柔软的保护物；水带使用时，严禁骤然打折；不要在地上随意拖拉水带；防止火焰和辐射热直接作用，需特别注意不要使水带与高温物体接触；注意水带不要沾染油类、酸、碱和其他化学药品，一旦沾染，要及时清洗、晾晒；将质量较好的水带，用在距水泵出水口较近的地方；向高处垂直铺设水带时，要用水带挂钩固定水带；通过道路铺设水带时，应垫上水带保护桥，通过铁路铺设水带时，应从轨道下面通过；水带有孔时，要立即用包布包裹；冬季使用时，要防止水带冻结；水带用完后要及时清洗、晾晒。

（二）吸水管

吸水管是消防车取水的主要器材之一。整个吸水管由吸水管本身、吸水管接口和吸水附属装备组成。吸水管接口是用于连接消防泵与吸水管的装备；吸水附属装备主要包括滤水器和滤水筐，其作用是防止水源中的杂物进入吸水管。铺设吸水管时应尽量使管线短些，避免骤然折弯；水泵离水面的垂直距离应尽量小些；不要在地面上拖拉吸水管，以免损坏吸水管表面；从露天水源取水时，滤水器距离水面以下深度为20～30厘米，以防止在水面出现旋涡而吸进空气；从河流取水时，应顺水流方向投放吸水管；从消火栓取水时，应缓慢开启消火栓，以减少水锤的冲击力，吸水管如出现真空或变扁现象，说明消防车流量超过了消火栓供水量，此时应降低发动机转速，减少水泵流量。此外，吸水量大时可将两根吸水管并列使用，以减少阻力损失；水源泥水杂物多时要使用滤水筐，以防杂物进入吸水管；吸水管使用后应将内部积水排放干净。

（三）分水器和集水器

分水器是从消防车供水管路的干线上分出若干股支线水带的连接器材，本身带有开关，可以节省开启和关闭水流所需的时间，及时保证现场供水。

集水器主要用于吸水或接力供水，它可以把两股以上水流汇成一股水流。集水器有进水端带单向阀和进水端不带单向阀两种形式。

二、消火栓和水泵接合器

（一）消火栓

消火栓是城市消防供水的主要设施之一，按设置分为室外消火栓和室内消火栓两种类型。

室外消火栓是室外消防给水系统和火场供水系统的重要组成部分，它既可以供消防车取水，又可以连接水带、水枪直接出水灭火。室外消火栓按照其安装形式可以分为地上式消火栓和地下式消火栓，分别适用于气候温暖的地区和气候寒冷的地区。地上式消火栓和地下式消火栓构造基本相同，主要由进水弯座、阀门、阀座、本体、泄水弯头、出水口、帽盖、启闭杆等零件组成。

室内消火栓是工业、民用建筑室内消防供水设备，用来扑救建筑内的初起火灾。通常安装在室内消火栓箱内，与消防水带和水枪等器材配套使用。

（二）水泵接合器

水泵接合器是为建筑配套的自备消防设施，用以连接消防车、消防机动泵向建筑物管网输送消防用水和加压，使建筑物内部的室内消火栓和其他灭火装置得到充足的水源补充，以便扑救不同楼层的火灾。

三、供泡沫器具

供泡沫器具分为泡沫比例混合器、泡沫产生器和泡沫喷射器具。负压式泡沫比例混合器是利用喷射泵的工作原理制成的，压力液流通过小孔喷射，产生负压，吸取泡沫液或空气，以达到比例混合的目的。

泡沫比例混合器是用于将水与泡沫液按一定比例混合的装备。按其吸液压力不同可分为负压式泡沫比例混合器和正压式泡沫比例混合器。负压式泡沫比例混合器的常见形式有环泵式和管线式两种。我国泡沫消防车上常用的是环泵式泡沫比例混合器。管线式泡沫比例混合器主要与高、中倍数泡沫产生器配合使用。压力式泡沫比例混合器有储罐式与压力输送式两种，主要用于固定泡沫灭火系统。平衡式泡沫比例混合器不受水泵压力、流量的影响，混合比例精确，操作简单。

泡沫喷射器具包括泡沫枪、泡沫炮与泡沫钩管，是消防救援队伍用于扑救可燃、易燃液体的主要装备。

四、射水器具

射水器具主要包括消防水枪和消防水炮两类。消防水枪和消防水炮的结构形式不同，可以喷出不同的流形。

（一）消防水枪

消防水枪分为直流水枪、喷雾水枪和多功能水枪（也称"多用水枪"）。喷雾水枪有离心旋转式、机械撞击式和簧片式三种类型；多功能水枪有球阀切换式和导流式两种类型。此外，还有脉冲式水枪等射水器具。

1. 直流水枪

直流水枪主要用于喷射直流水。其优点是结构简单，射程远，水流冲击力大；但是，由于直流水枪存在水渍损失大、反作用力大等缺点，现逐步被喷雾水枪和多功能水枪取代。直流水枪适用于扑救一般的固体物质火灾，灭火时的辅助冷却，等等。

2. 多功能水枪

多功能水枪可以根据火场情况不同，喷射出不同的流形和流量。根据需要，可以喷射直流水、开花水、喷雾水；可以通过调节雾化角，产生保护水幕。目前，多功能水枪正逐步替代直流水枪。

3. 喷雾水枪

喷雾水枪可以喷射雾状水。其优点是水渍损失小，水枪反作用力小。喷雾水枪适用于扑救建筑物室内火灾，还可用于扑救带电设备火灾、可燃粉尘火灾及部分油品火灾。

4. 细水雾水枪

细水雾水枪是一种新型的喷雾水枪，有脉冲式和常高压式两种类型，主要由枪体、储水桶和压缩空气桶三部分组成。脉冲式细水雾水枪只能逐次射流，而常高压式细水雾水枪可以连续射流；两种水枪均可喷射超细水雾。该种水枪适用于扑救小型油品火灾、建筑物室内火灾、汽车交通事故火灾。

（二）消防水炮

消防水炮是一种大型射水装备，可用于大型火场的灭火救援行动。按水炮结构形式的不同，消防水炮可分为固定水炮和移动水炮两种。其中，固定水炮一般安装在消防车上或消防重点保护场所；移动水炮可以安放在距离火源较近、人员难以接近的地方使用。按操纵方式的不同，消防水炮可分为手动操纵式和远程遥控式两种类型。远程遥控水炮设置了遥控机构，可以远程控制其流量、射流类型和角度等，使用更加灵活。

五、消防泵

消防泵是向火场输送水或其他火火剂的流体机械。消防泵通常安装在消防水池、水库或消防水箱等供水源附近，通过管道将水源输送到消防栓、喷淋系统、水带等消防设备。

（一）消防泵的分类

1. 按用途及配用对象分类

按用途及配用对象分类，消防泵可分为消防水泵、消防液泵和引水泵。

（1）消防水泵。消防水泵是用于输送水或泡沫混合液的消防泵。

（2）消防液泵。消防液泵是用于输送泡沫液的消防泵。

（3）引水泵。引水泵是用于消防泵排气引水的辅助泵。

2. 按安装或使用场所分类

按安装或使用场所分类，消防泵可分为固定消防泵、车用消防泵和手抬机动消防泵。

（1）固定消防泵。固定消防泵是用于固定安装的消防泵。

（2）车用消防泵。车用消防泵是消防车上使用的消防泵。

（3）手抬机动消防泵。手抬机动消防泵是可由人力移动的消防泵。

3. 按消防泵的扬程分类

按消防泵的扬程分类，消防泵可分为以下六类。

（1）低压消防泵。额定压力不大于 1.6MPa 的消防泵。

（2）中压消防泵。额定压力在 1.8MPa～3MPa 的消防泵。

（3）高压消防泵。额定压力不小于 4MPa 的消防泵。

（4）中低压消防泵。额定扬程具有中压和低压的消防泵。

（5）高低压消防泵。额定扬程具有高压和低压的消防泵。

（6）高中低压消防泵。额定扬程具有高压、中压和低压的消防泵。

（二）工作原理

1. 启动和停止控制

消防泵通常通过电动机或柴油发动机驱动，其启动和停止控制通过控制系统实现。当火灾发生时，控制系统将接收到的信号转换为电信号，然后启动消防泵，将水源输送到消防设备中供灭火使用。当火灾被扑灭或需要停止供水时，控制系统将停止消防泵的运行。

2. 输送和增压

消防泵通过泵体和叶轮的设计，将水源从低处吸入，然后通过管道输送到高处的消防设备中。消防泵通常具有较高的输送能力和增压能力，能够快速有效地将水源输送到远距离位置或高处位置。

（三）主要用途

1. 灭火供水

消防泵是消防系统中的核心设备，主要用于供应灭火用水。火灾发生时，消防泵将水源输送到消防设备中，如消防栓、喷淋系统等，以进行灭火作业。消防泵能够快速提供大量的水，以确保灭火工作的顺利进行。

2. 系统增压

消防泵还可以用于增压消防系统的水流供应，以确保稳定的供水压力。消防系统通常需要一定的水压才能正常工作，而消防泵能够通过增压提供所需的水压，确保消防设备正常运行。

3.供水备份

消防泵通常与其他供水设备，如水池、水箱等联动使用，以提供供水备份。当主要供水设备发生故障或无法正常供水时，消防泵能够立即启动，提供备用的供水源，确保消防系统的连续供水。

第三节　救援器材

一、侦检器材

（一）消防用红外热像仪

消防用红外热像仪是利用红外线成像原理，通过环境温差实现成像的装备。消防用红外热像仪也具有测温功能，主要用于在黑暗或浓烟环境中侦察火点，观测火势蔓延方向，检测异常高温，寻找余火和被困人员。消防用红外热像仪由主机、镜头、外壳、电源、可视荧屏及电源开关组成，通常为手持式，也有的集成到头盔或空气呼吸器面罩中。

使用过程中要避免镜头刮碰，保持屏幕清洁。在扑救油罐火灾时，还可以利用消防用红外热像仪观测罐内液面高度。

（二）可燃气体检测仪

可燃气体检测仪主要是一种用于事故现场对可燃气体浓度进行探测，可检测单一或多种可燃气体的爆炸下限浓度（百分含量）并发出报警的便携式装备。按照工作原理不同，可将可燃气体检测仪分为催化型和红外光学型两种类型。

实战中要严格做好个人安全防护，认真检查仪器工作状态，禁止随身携带会产生静电火花的物品；严禁将可燃气体检测仪直接对准有喷射状的气体泄漏的部位，以防探头失效；检测时可多部、多点同时使用，一般围绕泄漏点由远至近进行检测并记录，报警后再以泄漏点为圆心，沿圆弧检测气体泄漏范围。使用后应及时进行清洁，根据不同型号定期进行标定，更换内置侦检试剂。

（三）有毒气体探测仪

有毒气体探测仪是针对毒气（一氧化碳、硫化氢、氯化氢等）、可燃气体（甲烷、煤气、丙烷、丁烷等 31 种可燃气体）、氧气和有机挥发性气体进行危险值检测并预警的便携式智能装备。有毒气体探测仪适用于火灾、化学事故等现场对有毒气体、可燃气体、氧气和有机挥发性气体浓度的检测。

实战中进入火灾现场前要严格做好个人安全防护，认真检查有毒气体探测仪工作状态，禁止随身携带会产生静电火花的物品；该装备对环境中氧气含量的测定值可作为判定是否可以使用过滤式呼吸器的依据。有毒气体探测仪使用完毕后应及时进行清洁，根据不同型号定期进行标定，更换内置侦检探头。

（四）生命探测仪

生命探测仪主要是用于地震、泥石流等自然灾害以及建筑物倒塌、废墟、压埋现场搜寻被困人员并确定其位置的一种装备，分为雷达生命探测仪、音频生命探测仪、视频生命探测仪三种类型。

实战中经常将三种生命探测仪与搜救犬配合使用，逐步缩小搜寻范围并精准定位被困人员。

1. 雷达生命探测仪

雷达生命探测仪主要通过发射电磁波直接照射或穿透非金属介质（墙体）照射到人体，并被人体生命体征（体动、心跳和呼吸）所调制并反射，由信号处理机对信息进行分析处理，从中提取出人体生命特征信息，并显示分析结果，从而实现"生命探测"的功能。雷达生命探测仪由雷达探测器和显示控制器两部分组成。

实战中需要按操作步骤实施，耐心等待机器运行；要确保指令发送成功后再进行下一环节，禁止在不同控制按钮之间频繁点击；只能探测到有生命体征的对象，且探测深度不超过 15 米；电磁波不能穿透金属障碍物，切勿直接对大面积金属障碍物进行探测；若探测结果显示目标区域内有生命体，应再观察所给出的目标生命体的距离信息，若距离变化幅度较大，则可能目标生命体本身在走动，也有可能是附近存在较强干扰源，需排除干扰源后再次探测；若给出的距离信息较为稳定，则探测结果可信度高。

2. 音频生命探测仪

音频生命探测仪主要通过微电子处理器以及声音、振动传感器进行全方位的振动信息收集，适用于有限空间及常规方法难以接近的救援现场的生命体搜寻。

3. 视频生命探测仪

视频生命探测仪主要利用微型摄像头，通过图像呈现内部情况，适用于对有间隙的场所进行定性检查。视频生命探测仪由探测镜头、探测杆、插拔式微型液晶显示器、耳机、话筒和连接电缆等组成。

（五）测温仪

测温仪是利用红外线的原理来感应物体表面温度的一种检测装备，用于寻找隐蔽火源，测量物体、局部空间以及化工装置和储罐的温度，等等，操作起来比较方便，一般为手持式。实战中多用于开放式环境中具体物体的温度检测，不适用于大环境的温度检测或火场内部的温度检测，内攻作战还是应该选择消防用红外热像仪。

（六）漏电探测仪

漏电探测仪是检测确定泄漏电源的具体位置并发出预警的一种便携式装备，主要适用于现场检测有无漏电以及确定漏电位置，但不能检测具体的漏电电压或电流数值。漏电探测仪由高灵敏的交流放大器、传感器、蜂鸣器、指示灯、开关、电池、手柄组成。高灵敏的交流放大器可将接收到的电流信号转换成声光报警信号，探测时无须接触电源，越接近漏电部位，声光报警越强烈，但对直流电没有作用。

漏电探测仪在使用时应先开启至"高灵敏度"挡位，在确认电源的方位后，根据报警的强弱确定主要方向，然后调节至"低灵敏度"或"目标前置"挡位，逐步缩小检测范围并确定具体位置。该仪器不能直接接触电源、漏电点，严禁直接接触水、导电液体等。漏电探测仪无法检测出直流电电线漏电（如地铁、新能源汽车电池等）。

（七）激光测距仪

激光测距仪是利用激光对准测距目标并测定两者之间距离的一种装备，主要用于灭火救援现场需要精准测量高度、长度、深度等的情况，是深井、山岳、隧道等环境的救援中常用的装备。它主要由激光发射器、接收器、计算处理器和显示器等构成，利用发射激光、接收反射激光并通过时间计算距离的原理进行测量，属于精密测量仪器，规格型号多样，最大测距距离也不相同。

实战中激光测距仪的测量结果受外界环境因素影响较大（包括强光、日光），需要多次测量确定，且不能用于水下测距；对于不能目视评估是否超出测距距离的情况，显示数据不能作为参考依据；使用时禁止将激光朝向人眼。

（八）军事毒剂侦检仪

军事毒剂侦检仪是用于检测存在于空气、地面、装备上的气态及液态的沙林（GB）、索曼（GD）、芥子气（HD）和维埃克斯（VX）等化学战剂（毒剂）的一种装备，主要用于鉴别化学灾害事故现象或恐怖袭击现场是否遭受污染，人员进出避难所、警戒区、洗消作业区是否安全等情况。

（九）个人辐射剂量仪

个人辐射剂量仪是一种主要用于放射性环境下监测作业人员所受辐射累积剂量以及该区域的辐射剂量率，并判断该位置的辐射安全性及个人累积承受能力的个人监测装备。个人辐射剂量仪一般适用于核电站、消防救援、核事故应急、无损检测、确定污染区域边界、核子实验室及核医学等领域。

（十）便携危险化学品检测片

便携危险化学品检测片是指通过检测片取样后的颜色变化，判断有毒化学气体或蒸气种类、性质的一种侦检装备。便携危险化学品检测片主要由腕带槽和检测片两部分组成。检测片种类包括强酸、强碱、氯、硫化氢、碘、光气、磷化氢、二氧化硫等的检测片，每个检测片只能使用一次。

使用时要先检查检测片是否过期（室温2℃～25℃条件下储存期为两年），包装是否完整。检测物质浓度越高，反应时间越短，说明毒性和危险性越大；反之，浓度越低，反应时间越长，说明毒性和危险性越小；该装备只能定性，不能定量。

（十一）手持式气象仪

手持式气象仪用于检测事故现场的风向、风速、温度、湿度、气压等气象参数，为消防救援人员提供作战辅助决策依据。

二、警戒器材

（一）警戒标志杆

警戒标志杆用于在火灾等灾害事故现场设立警戒区，包括标志杆和标志杆底座、标志杆外敷反光材料三部分，也可与隔离警示带配合使用。

（二）锥形事故标志柱

锥形事故标志柱用于事故现场的道路警戒、阻挡或分隔车流以及引导交通，一般由塑料或橡胶制作。

（三）隔离警示带

隔离警示带用于划定事故现场的警戒区，使用时可固定在警戒标志杆或其他固定物上。隔离警示带按使用次数不同，可分为一次性和重复使用两种；按是否有涂反光材料划分，有涂反光材料和不涂反光材料两种。

（四）出入口标志牌

出入口标志牌用于灾害事故现场分辨进出位置，是给救援人员和疏散人员的一种提示标志，一般采用铝制反光材料制成。

（五）危险警示牌

危险警示牌用于灾害事故现场警戒警示，分为有毒、易燃、泄漏、爆炸、危险五种标志类型，一般采用铝制反光材料制成。使用时根据现场事故特点，将与灾害对应的一个或多个警示牌摆放在灾害事故现场出入口等明显位置。

（六）闪光警示灯

闪光警示灯用于灾害事故现场，特别是天黑或能见度较低的灾害事故现场的警戒警示。闪光警示灯由电池把手、开关、闪光警示灯组成。

（七）手持扩音器

手持扩音器在灾害事故现场起指挥警示作用，具备警报、喊话、播放功能。

三、破拆器材

（一）简易破拆工具

简易破拆工具是指结构简单、功能单一的破拆工具，主要包括消防斧、铁铤、绝缘剪断钳、玻璃破碎器、多功能刀具、多功能挠钩、液压千斤顶等。

1. 消防斧

消防斧分为尖斧、平斧和腰斧三种类型，用于手动破拆非带电障碍物。

2. 铁铤

铁铤常作为一种"杠杆",用于撬拆作业,如拔钉子、开启井盖、撬动障碍物等。

3. 绝缘剪断钳

绝缘剪断钳常用于剪切电缆等带电设备。

4. 玻璃破碎器

玻璃破碎器常用于破拆车辆风窗玻璃、玻璃幕墙等,也可对砖瓦、薄型金属进行破碎作业。

5. 多功能刀具

多功能刀具主要由刀、钳、剪、锯等组合而成。

6. 多功能挠钩

多功能挠钩由挠杆和单头挠钩、双头挠钩或多头挠钩(榔头、爪耙、锯、剪等)组成,用于破拆屋顶、清理小型障碍、寻找火源或灾后清理。

7. 液压千斤顶

液压千斤顶主要用于交通事故、建筑倒塌现场的重载荷撑顶作业。

(二)手动破拆工具组

手动破拆工具组可快速打通砖和混凝土阻隔墙、撕开铁皮、拔起钢钉,无须动力源,携带方便,单人即可操作。手动破拆工具组由冲杆、拆锁器、金属切断器、凿子、钎子等部件组成。

(三)毁锁器

毁锁器是用于快速破拆防盗门及汽车门锁芯的一种装备,主要由特种钻头螺钉、锁芯拔除器、锁芯切断器、换向扳手、专用电钻、锁舌转动器等组成。

（四）气动切割刀

气动切割刀是指以压缩空气作为动力，带动切割刀片做高频往复运动来切割钢板、轻合金、皮革、塑料制品的一种装备。气动切割刀主要由气泵、切割刀片、减压器、输气管、气源装置、工具箱组成。切割刀片主要有切割玻璃刀片和切割金属刀片两种类型。气源装置可使用高压压缩气瓶（空气呼吸器气瓶）、汽车制动气源等。气动切割刀每次使用后须进行检查、维修，并要注意检查螺钉是否拧紧。

（五）无齿锯

无齿锯主要用于切割金属和混凝土材料，由发动机、支架、切割锯轮盘组成，切割锯片有磨砂锯片和金刚石锯片两种类型。

使用时应掌握切割的姿势及要领，要保持锯片与被切割物体垂直，严禁用锯片上方切割物体；当切割水泥或石材时还应选用金刚石锯片；切割时要做好安全防护（戴护目镜或全面罩），防止锯片崩裂或产生的火花伤人；使用金刚石锯片时，要用水冷却，防止金刚石锯片过热导致破裂飞出伤人。

（六）机动链锯

机动链锯主要用于切割各类木质结构的障碍物，主要由发动机、把手、传动机构、锯链等构成。

使用时应掌握切割的姿势及要领，要保持链锯与被切割物体垂直，严禁用链锯上方切割物体；对于直径较大的木材，不能一次切割到底，应反复深入切割。

（七）双轮异向切割锯

双轮异向切割锯用于快速切割钢、铁等金属材料以及木材、塑料、橡胶等非金属材料，但不能切割玻璃、石材、混凝土及陶瓷。根据动力来源不同，可将双轮异向切割锯分为机动式和电动式两种类型，其中机动式双轮异向切割锯结构与无齿锯相同，区别在于双轮异向切割锯采用双异向轮盘及双锯片设计；电动式双轮异向切割锯由移动发电机或市电供电，没有汽油机，其他结构同机动式双轮异向切割锯。

使用时要垂直切入，不能歪斜，锯片损坏三齿以上时应更换，锯片粘连或夹带杂物时要及时清理，然后进行作业。

（八）手持式钢筋速断器

手持式钢筋速断器是主要用于钢筋护栏、护网的快速切断的一种装备，主要由枪体、切割头、液压油箱、电动机、充电电池组成。

（九）液压破拆工具组

液压破拆工具组是用于地震灾害、建（构）筑物倒塌、交通事故、群众遇险等事故环境进行破拆、撑顶、牵引等作业的救援工具，主要由机动液压泵（也称"动力站"或"动力源"）、液压管、剪切器、扩张器、剪扩器、救援顶杆、撬门器、开缝器等组成。

作业时，机动液压泵产生高压油，经液压管传递至前端作业工具，实现剪切、扩张、撑顶等操作。要注意剪切、扩张、撑顶的对象是否符合该器材的性能要求；液压管不能有破损或划痕，以防止工作状态下液压管爆裂，造成高压油泄漏并伤人；液压管连接部位必须保持清洁，以防止杂物进入液压管导致器材发生故障；完成操作时，要使前端工具处于微张状态，然后打开泵体泄压阀（部分液压泵不需要），待液压油回流至液压泵中，再拔下液压管，收整器材。

（十）混凝土液压破拆工具组

混凝土液压破拆工具组是针对混凝土、石材等建筑材料进行切割、凿洞、打穿作业时使用的破拆装备。其与液压破拆工具组的工作原理一致，都是以机动液压泵为动力源，前端配备不同种类、功能和数量的作业工具，主要区别是前端作业工具的类型、功能、用途不同。混凝土液压破拆工具组主要由机动液压泵、液压管、金刚石链锯、金刚石圆盘锯、凿岩镐、冲击钻组成。金刚石链锯和金刚石圆盘锯属于切割类工具，主要用于破拆切割砖墙、钢筋混凝土墙、楼板、梁柱等建筑构件。

凿岩镐和冲击钻属于凿洞类工具，主要用于击穿混凝土或石材。上述前端作业工具也有单独带动力源、可独立使用的凿岩机、冲击钻、金刚石链锯和金刚石圆盘锯，其原理、功能和用途是一致的。自身不带动力源、需要共用一个液压动力源的各类前端作业工具，放在一起才称为"混凝土液压破拆工具组"。进行混凝土破拆时，要在原有破拆作业安全防护的基础上，增加呼吸方面的防护。

四、救生器材

（一）消防过滤式自救呼吸器

消防过滤式自救呼吸器是供事故现场被救人员使用的一种呼吸防护装备。其属于一次性产品，不能用于工作保护，只供个人逃生自救使用；不能在氧气浓度低于17%的环境中使用；使用前撕破真空包装袋，即视为已失效，不能再使用。

（二）救援担架

救援担架是消防人员救助被困人员和伤员时用于转移救助对象的

装备。常见的有折叠式担架、多功能担架等。折叠式担架具有体积小、重量轻、使用方便等特点，适用于一般场合运送转移人员。多功能担架多用于高空、井下、狭小空间及山岳救援行动。

（三）伤员固定抬板

伤员固定抬板是用于事故现场运送需要特殊保护的伤员的一种装备。伤员固定抬板能够固定伤员，可与头部固定器、颈托配合使用，避免伤员的颈椎、胸椎及腰椎受到二次伤害。

（四）躯（肢）体固定气囊

躯（肢）体固定气囊是用于保护骨折伤员某个部位的一种装备，分为躯体固定气囊和肢体固定气囊。躯体固定气囊用于对伤员的全身进行固定；肢体固定气囊用于对伤员的大腿或上肢进行固定，固定方式可按伤员的各种形态而变化。

（五）救生照明线

救生照明线是在黑暗环境、地下与水下等场所作业时用于导向、照明的一种装备，由照明主体、专用配电箱和输入电缆组成，具有防水、防摔、防漏电、耐老化、耐弯曲、安全节能等特点。

实战中可采取接力连接的方式延长工作长度；在水中使用要注意防触电，配电箱需要在水上设置，以避免进水。

（六）救生缓降器

救生缓降器是一种供人缓慢滑降的安全救生装置，由挂钩（或吊环）、吊带、绳索及速度控制器等组成。缓降器分为往返式缓降器和自救式缓降器两大类。往返式缓降器的速度控制器固定，绳索可以上下往返，连续救生，下降速度由人体重量决定，整个下降过程中速度比较均匀，不需要人力进行辅助控制。自救式缓降器是利用绳（带）与速度控制器的摩擦棒（或多孔板）摩擦产生阻力来控制下降速度的，只能下降一次，需重新收回后再使用。

实战中，缓降器的固定位置要安全可靠，被救人员的安全带拴好后要认真检查，并确定下方及周边环境允许操作。使用时应尽量避免钢丝绳索与墙体或锐角摩擦；被救人员不能用手去握上升端的钢丝绳，应面向墙面，尽量避免身体旋转、触摸墙面和其他构件，以免阻碍下降；滑降绳索编织层破损承载力下降影响使用安全时，需及时更换新绳或做报废处理；被救人员在降至地面后须把安全带留在安全吊绳的套环内，便于他人使用。

（七）消防救生气垫

消防救生气垫是高处逃生或避险时用于接救高处下跳人员的一种装备，可分为通用型和气柱型两种类型，前者一般面积较大但充气展开速度慢，后者面积较小但充气展开速度快。通用型消防救生气垫主要由缓冲气包、安全风门、充气内垫、充气风机组成，采用充风机（正压机动排烟机）向整个气垫内充气，待气垫内充至一定压力鼓起后以承接跳下人员。气柱型消防救生气垫主要采用气瓶或气泵向气垫内四周的气柱充气，待气柱内充气至一定压力立起后支撑起整个气垫以承接跳下人员。

使用时，通用型消防救生气垫必须打开安全风门，气垫下方和周边不能有锐器硬物，以防止跳落人员弹起后掉落到周边受到伤害；应尽可能远离火源，不可将其固定在某处，四角把持人员随着气垫的上下波动收放绳索，不可强拉硬拽，以免损坏四角部位，影响使用。救生气垫一次只可接救一人，连续使用时，应注意保持充气工作高度，其安全使用高度一般不超过 10 米，不能在训练演习时使用。

（八）救援支架

救援支架是一种快速提升工具，其基本结构为三脚架，必要时可连接固定绳索呈两脚架形式，用于山岳、洞穴、高层建筑等垂直现场的救援作业。救援支架由三脚支架、手动或电动绞盘、吊索、滑轮等组成，下降深度由吊索长度决定。

实战中要尽量将支架展开延伸至最长，提高地上准备的作业空间，同时将支腿（脚）的角度打开到最大，确保着力点远离井口，防止井口坍塌；每次使用前要检查吊索是否能正常地绕在绞盘上，并保证绞盘上的吊索在放开时留有 3～4 圈，以确保吊索不滑落。

（九）气动起重气垫

气动起重气垫是用于不规则重物的起重并能在普通起重器材难以作业的场合下使用的一种装备，主要由高压气瓶、气瓶阀、减压器、控制阀、高压软管、快速接头、气垫等组成。气垫由高强度橡胶及增强性材料制成，靠气垫充气后产生的体积膨胀起到支撑、托举作用，是易燃易爆环境中开展撑顶作业的首选装备。

（十）支撑保护套具

支撑保护套具用于建筑倒塌、车辆事故等现场进行支撑保护作业，包括手动、气动、液压等工作方式，分为重型、轻型等类型。操作人员应具备重物估算能力，以避免超负荷使用。

（十一）安全绳

安全绳分为消防轻型安全绳和消防通用安全绳两种类型。安全绳是消防灭火救援中应用非常广泛的一种绳索装备，主要作为高空作业的安全保护绳、乘载人员的救生绳、运载装备的工具绳，也可作为各类建筑火灾内攻扑救、山岳洞穴和水下冰面救援起导向和保护作用的绳索。

实战中要掌握一定的绳索救援技术，能熟练与防坠落部件配合使用，掌握各类绳结的适用范围；使用安全绳下降时，固定点不得少于两处；遇尖锐墙角、棱角必须有绳索保护器保护；不得使用硬质毛刷刷洗，不得使用热吹风机吹干。

（十二）水域救援漂浮救生绳

水域救援漂浮救生绳是一种专门用于水上救援的装备，常用于洪水、溺水等紧急情况下的救援。这种救生绳通常由强度材料制成，具有较好的浮力和耐久性，能够承载一定重量的人员在水面上保持浮起。此外，水域救援漂浮救生绳配备有救生浮环、浮球等附属装备，可用于标识人员或物体的位置，以便于救援人员发现和接近目标。在救援中，水域救援漂浮救生绳可以作为救援人员与被救援人员之间的连接工具，帮助被救援人员漂浮在水面上，同时可以用来拖拽或运送被救援人员到安全地带。

（十三）救生抛投器

救生抛投器是以压缩空气为动力，向目标抛投救生器材（如救生圈、牵引绳等）的一种救援装备，主要适用于洪涝、水域救援。救生抛投器主要由救援绳、牵引绳、抛射器、发射气瓶、自动充气救生圈、塑料保护套、气瓶保护套等组成。

实战中，发射时应用抛物线做牵引绳，不可将抛射器直接连接安全绳或水域救援漂浮救生绳；严禁直接对准被救目标及物体，以免伤害被救目标或损坏发射气瓶。

（十四）其他救生器材

其他救生器材还包括灭火毯、稳固保护附件、人员转移椅、殓尸袋等装备。

1. 灭火毯

灭火毯由被氧化的纤维材料制成，为永久性耐火材料，适用于灭火救援、隔热及自救。

2. 稳固保护附件

稳固保护附件主要包括各类垫块、止滑器、锁链、紧固带等，与救生、破拆器材配套使用，起稳固保护作用。

3. 人员转移椅

人员转移椅主要用于在楼梯、平地等转移失去行动能力的人员。

4. 殓尸袋

殓尸袋主要用于包裹遇难者遗体。

五、洗消器材

（一）公众洗消帐篷

公众洗消帐篷主要用于化学灾害救援中的人员洗消作业，通常由一个运输包（内有帐篷、撑杆）和一个附件箱（内有一个帐篷包装袋、一个拉链包、两个修理用包、一个充气支撑装置、塑料链和脚踏打气筒）组成。帐篷内有喷淋间、更衣间等场所。应注意，在每次使用后必须清洗干净，擦干晾晒后方能收放；使用时，尽量选择平整且磨损较小的场地搭设，避免帐篷被刮划破损。

（二）战斗员个人洗消帐篷

战斗员个人洗消帐篷主要用于战斗员洗消，其中配有充气、喷淋、照明等辅助装备。帐篷使用后，必须清洗晾晒，方能收放；使用时，尽量选择平整且磨损较小的场地搭设，避免帐篷被刮划破损。

第四节 灭火剂

能够通过物理作用和化学作用有效破坏燃烧条件，使燃烧终止的物质，统称为"灭火剂"。简言之，灭火剂就是用来灭火的物质。灭火剂主要分为水（水系）灭火剂、泡沫灭火剂、干粉灭火剂和其他类型的灭火剂（如气溶胶灭火剂、气体灭火剂等）。

一、水灭火剂

水是最常见、应用最广泛的一种天然灭火剂，主要用于扑救普通固体物质火灾。水可以采取直流、开花和喷雾三种射流形式，具有冷却、窒息、稀释、冲击、乳化五种灭火作用，适用于不同的扑救对象和场合。

（一）水的灭火机理

1. 冷却作用

冷却是水的主要灭火作用。水的热容量和汽化热都较大，当水与炽热的燃烧物接触时，能从燃烧物中夺取大量的热量，降低燃烧物质的温度，起到冷却的作用，有利于灭火。

2. 对氧的稀释作用

水遇到炽热的燃烧物而汽化，产生大量水蒸气。水变成水蒸气后，体积急剧增大，大量水蒸气的产生将排挤和阻止空气进入燃烧区，从而降低燃烧区内氧气的含量。在一般情况下，当空气中的水蒸气体积含量达到35%时，燃烧就会停止。

3. 对水溶性可燃液体的稀释作用

当水溶性可燃液体发生火灾时，在允许用水扑救的条件下，水与可燃液体混合后，可降低它的浓度以及燃烧区内可燃蒸气的浓度，使燃烧强度减弱。

4. 水力冲击作用

直流水枪喷射出的密集水流具有强大的冲击力和动能，高压水流强烈地冲击燃烧物和火焰，可以冲散燃烧物，从而切割、冲断火焰，使之熄灭。

（二）灭火中水流形态的应用

水作为灭火剂，是以不同的水流形态出现的，其形态不同，灭火效果也不同。

1. 直流水和开花水（滴状水）

直流水和开花水可用于扑救下列物质引发的火灾。

（1）一般固体物质火灾，如木材、纸张、粮草、棉麻、煤炭、橡胶等引发的火灾。

（2）直流水能够冲击、渗透到可燃物质的内部，故可用来扑救阴燃物质引发的火灾。

（3）闪点在 120℃ 以上，常温下呈半凝固状态的重油火灾。

（4）利用直流水的冲击力量切断或赶走火焰，可以扑救石油、天然气井喷火灾以及压力容器内气体或液体喷射火灾。

2. 喷雾水（雾状水）

喷雾水用于扑救下列火灾。

（1）重油或沸点高于 80℃ 的其他石油产品火灾。

（2）粉尘火灾以及纤维物质、谷物堆囤等固体可燃物质火灾。

（3）带电的电气设备火灾，如油浸电力变压器、充有可燃油的高压电容器、油开关、发电机、电动机等引发的火灾。

3. 水蒸气

水蒸气主要适用于扑救容积在 500 立方米以下的密闭厂房的火灾，以及空气不流通的地方或燃烧面积不大的火灾，特别适用于扑救高温设备和煤气管道火灾。

对于汽油、煤油、柴油和原油等可燃液体，当燃烧区的水蒸气浓度达到 35% 以上时，燃烧就会停止。

利用水蒸气扑救高温设备火灾时，不会引起高温设备因热胀冷缩产生的应力和变形，因而不会造成高温设备的损坏。

（三）水灭火的局限

用水灭火存在以下局限性。

（1）不能用水扑救遇水燃烧物质引发的火灾。

（2）在一般情况下，不能用直流水来扑救可燃粉尘（如面粉、铝粉、糖粉、煤粉、锌粉等）聚集处的火灾。这是因为沉积粉尘被水流冲击后，悬浮在空气中，容易与空气形成爆炸性混合物。

（3）在没有良好接地设备或没有切断电源的情况下，不能用直流水来扑救高压电气设备火灾。在紧急情况下，必须进行带电灭火时，需保持一定的安全距离。

（4）某些高温生产装置设备着火时，不宜用直流水扑救。

（5）贮存大量浓硫酸、浓硝酸等的场所发生火灾时，不能用直流水扑救。

（6）轻于水且不溶于水的可燃液体火灾，不能用直流水扑救。

（7）熔化的铁水、钢水引起的火灾，在铁水或钢水未冷却时，也不能用水扑救。

（8）不宜用直流水扑救橡胶、褐煤等粉状产品引发的火灾。这是由于水不能浸透或者很难浸透该类燃烧介质，所以灭火效率很低，只有在水中添加润湿剂，提高水流的浸透力，才能用水有效地扑灭该类火灾。

二、泡沫灭火剂

（一）灭火泡沫的灭火原理

灭火泡沫是一种体积小、重量轻、表面被液体包围的气泡群，比重在 0.001～0.500。由于泡沫的比重远远小于一般可燃液体的比重，因此可以漂浮于液体的表面，形成一个泡沫覆盖层；同时，泡沫具有一定的黏性，可以黏附于一般可燃固体的表面。

泡沫灭火系统的灭火机理主要体现在以下几个方面。

1. 覆盖作用

灭火泡沫在燃烧物表面形成的泡沫覆盖层，可使燃烧物表面与空气隔离。

2. 封闭作用

泡沫层封闭了燃烧物的表面，可以阻断火焰对燃烧物的热辐射，阻止燃烧物的蒸发或热解挥发，使可燃气体难以进入燃烧区。

3. 冷却作用

泡沫析出的液体对燃烧物的表面具有冷却作用。

4. 窒息作用

泡沫受热蒸发产生的水蒸气有稀释燃烧区氧气浓度的作用。

（二）泡沫灭火剂的分类

1. 按混合比例分类

按照泡沫液与水混合的比例不同，泡沫灭火剂可分为1.5%型泡沫灭火剂、3%型泡沫灭火剂、6%型泡沫灭火剂等类型。

2. 按发泡倍数分类

泡沫灭火剂按其发泡倍数不同，可分为低倍数泡沫灭火剂、中倍数泡沫灭火剂和高倍数泡沫灭火剂三类。其中，低倍数泡沫灭火剂的发泡倍数一般在20倍以下，中倍数泡沫灭火剂的发泡倍数为20～200倍，高倍数泡沫灭火剂的发泡倍数一般为200～1000倍。

（三）常用泡沫灭火剂

1. 蛋白泡沫灭火剂

蛋白泡沫灭火剂按照制作原料不同，通常分为动物蛋白泡沫灭火剂和植物蛋白泡沫灭火剂两种，它的主要成分是水和水解蛋白。蛋白泡沫液中还含有一定量的无机盐，如氯化钠、硫酸亚铁等。蛋白泡沫灭火剂属于空气泡沫灭火剂，平时储存在包装桶或储罐内，灭火时通过比例混合器与压力水流按6:94或3:97（体积）的比例混合，形成混合液。混合液在流经泡沫管枪或泡沫产生器时吸入空气，并经机械搅拌后产生泡沫，喷射到燃烧区实施灭火。

蛋白泡沫灭火剂的优点是稳定性好（25%的析液时间长）。它的缺点是：流动性较差，灭火速度较慢；抵抗油类污染的能力低，不能以液下喷射的方式扑救油罐火灾；不能与干粉灭火剂联合使用（蛋白泡沫与干粉接触时，很快就会被破坏）。

2. 氟蛋白泡沫灭火剂

在蛋白泡沫灭火剂中加入适量的"6201"预制液，即可成为氟蛋白泡沫灭火剂。"6201"预制液，又称"FCS 溶液"，是由"6201"氟碳表面活性剂、异丙醇和水按 3:3:4 的质量比配制而成的水溶液。氟蛋白泡沫灭火剂与蛋白泡沫灭火剂相比具有以下优点：①表面张力和界面张力显著降低；②泡沫的流动性能更好，灭火速度更快；③氟蛋白泡沫抵抗油类污染的能力强，可以液下喷射的方式扑救大型油罐火灾；④可与干粉灭火剂联用。

3. 水成膜泡沫灭火剂

水成膜泡沫灭火剂又称"轻水"泡沫灭火剂，主要成分是氟碳表面活性剂和碳氢表面活性剂；还含有 0.1%～0.5%的聚氧化乙烯，用以改善泡沫的抗复燃能力和自封能力。

（1）水成膜泡沫灭火剂的灭火作用。

水成膜泡沫灭火剂在扑救油品火灾时是依靠泡沫和水膜的双重作用来灭火的，其中泡沫起主导作用。

①泡沫的灭火作用。

由于氟碳表面活性剂和其他添加剂的作用，水成膜泡沫具有很低的临界剪切应力，所以具有非常好的流动性。当把水成膜泡沫喷射到油面上时，泡沫迅速在油面上展开，并结合水膜的作用把火扑灭。

②水膜的灭火作用。

由于氟碳表面活性剂和碳氢表面活性剂联合作用，水成膜泡沫灭火剂能在油面形成一层很薄的水膜。漂浮于油面上的这层水膜可使燃油与空气隔绝，阻止燃油的蒸发，并有助于泡沫的流动，以加速灭火。

（2）水成膜泡沫灭火剂的优缺点。

水成膜泡沫灭火剂具有以下优点：①水成膜泡沫具有极好的流动性。它在油面上堆积的厚度为蛋白泡沫的1/3时，就能迅速扩散，再加上水膜的作用，能够迅速扑灭火焰。②水成膜泡沫可与各种干粉联用。③水成膜泡沫可采用液下喷射的方式扑救油罐火灾。

水成膜泡沫灭火剂具有以下缺点：①25%的析液时间很短，仅为蛋白泡沫或氟蛋白泡沫的1/2左右，因而泡沫不够稳定，容易消失。②抗烧时间短，仅为蛋白泡沫或氟蛋白泡沫抗烧时间的40%多一点，因而对油面的封闭时间短，防止复燃和隔离热液面的性能较差。

4. 抗溶性泡沫灭火剂

抗溶性泡沫灭火剂主要为水溶性可燃液体，如醇、酯、醚、醛、酮、有机酸和胺等，由于它们的分子极性较强，能大量吸收泡沫中的水分，使泡沫很快被破坏而起不到灭火作用，所以不能用蛋白泡沫、氟蛋白泡沫和水成膜泡沫来扑救此类液体火灾，而必须用抗溶性泡沫灭火剂来扑救。目前，国产抗溶性泡沫灭火剂主要有以下三种类型。

（1）凝胶型抗溶泡沫灭火剂。

由氟碳表面活性剂和触变性多糖制成。当凝胶型抗溶泡沫灭火剂喷射到燃烧液体表面时，泡沫与水溶性液体接触析出液体，泡沫液中的水分析出，由于触变性多糖的凝胶性，在液体表面形成一层薄胶，阻止了泡沫与水溶性液体的进一步接触，在液体表面形成泡沫堆积层，起到灭火作用。

（2）氟蛋白型抗溶泡沫灭火剂。

氟蛋白型抗溶泡沫灭火剂是在蛋白泡沫液中添加特制的氟碳表面活性剂和多价金属盐制成。

（3）抗溶性水成膜泡沫灭火剂。

在水成膜泡沫中添加某种添加剂，可以使其成为抗溶性水成膜泡沫灭火剂。抗溶性水成膜泡沫灭火剂灭火效率高，具有良好的防腐蚀性和防静电性能,且在使用后不会对环境造成污染,属于绿色环保型灭火剂。

5. 高倍数泡沫灭火剂

以合成表面活性剂为基料,发泡倍数达数百乃至上千倍的泡沫灭火剂称为"高倍数泡沫灭火剂"。高倍数泡沫的特点如下。

(1) 气泡直径大,一般在 10 毫米以上。

(2) 发泡倍数高,可高达 1000 倍以上。

(3) 发泡量大,大型高倍数泡沫产生器可在 1 分钟内产生 1000 立方米以上的泡沫。

鉴于上述特点,高倍数泡沫可以迅速充满着火的空间,使燃烧物与空气隔绝,导致火焰窒息。尽管高倍数泡沫的热稳定性较差,泡沫易被火焰破坏,但因大量泡沫不断补充,火焰的破坏作用微不足道,泡沫仍可迅速覆盖可燃物,从而扑灭火灾。因此,高倍数泡沫灭火剂具有以下优点:灭火强度大、速度快;水渍损失少,容易恢复工作;产品成本低;无毒,无腐蚀性;等等。

6. 压缩空气泡沫灭火剂

压缩空气泡沫液是一种特别配制的新型泡沫灭火剂,具有无可比拟的灭火适应性,它改进了水的渗透性能,降低了水的表面张力,提高了水的润湿能力,使水能够渗透到一般可燃固体表层内部。因此,压缩空气泡沫灭火剂能够有效扑灭可燃物质深层的火灾,既能迅速灭火又能节约消防用水,还能有效发挥水在火场中吸热的效能以防复燃。压缩空气泡沫液的发泡组分能够增加水的黏稠度并长时间黏附在可燃物的表面,形成一层防辐射热的保护层以防止可燃物着火。

压缩空气泡沫灭火剂具有以下特点:提高了水的渗透能力;泡沫预混液的性能稳定;采用环保型的配方;能够安全使用于各种压缩空气泡沫灭火系统;压缩空气泡沫液是超浓缩液,可以以低配比浓度与清水、盐碱水或海水混合使用,故该泡沫灭火剂既使用方便而又经济有效。

（四）泡沫灭火剂的适用范围

蛋白泡沫灭火剂、氟蛋白泡沫灭火剂和水成膜泡沫灭火剂，适用于扑救非水溶性可燃液体火灾，不适用于扑救电气设备火灾、金属火灾以及遇水能发生燃烧爆炸的物质引发的火灾。

蛋白泡沫灭火剂和氟蛋白泡沫灭火剂被广泛应用于扑救可燃液体的大型储罐、散装仓库、输送中转装置、生产加工装置、油码头的火灾以及飞机火灾，特别是氟蛋白泡沫灭火剂，由于其流动性比蛋白泡沫要好，可以采用液下喷射的方式扑救大型石油储罐的火灾，并在扑救大面积油类火灾时可与干粉灭火剂联用。

抗溶性泡沫灭火剂主要应用于扑救乙醇、甲醇、丙酮、醋酸乙酯等一般水溶性可燃液体引发的火灾；不宜用于扑救低沸点的醛、醚以及有机酸、胺类等液体引发的火灾。它虽然也可以扑救一般油类火灾和固体火灾，但因价格较贵，一般不予采用。

高倍数泡沫灭火剂主要适用于扑救非水溶性可燃液体火灾和一般固体物质火灾，特别适用于扑救汽车库、可燃液体机房、洞室油库、飞机库、船舶舱室、地下建筑、煤矿坑道等有限空间的火灾，也适用于扑救油池火灾和可燃液体泄漏造成的流散液体火灾。高倍数泡沫灭火剂由于比重小，流动性较好，在产生泡沫的气流作用下，通过适当的管道可以被输送到一定的高度或较远的地方去灭火。采用高倍数泡沫灭火剂灭火时，要注意进入高倍数泡沫产生器的气体不得含有燃烧产物和酸性气体，否则泡沫容易被破坏。

压缩空气泡沫灭火剂适用于扑救固体物质火灾，如建筑物、纺织物、灌丛和草场、垃圾埋填场、轮胎、谷仓、纸张、车辆内装、地铁、隧道等区域的火灾。

第五节 消防车

消防车是配备于消防队执行灭火救援等消防业务所使用的机动车辆的总称。消防车装配有灭火救援器材、灭火救援装备和灭火剂，承载消防员，可机动、高效地完成火灾扑救、灾害和事故救援等多项任务，是消防救援队伍装备的主体。

消防车按功能不同，可分为灭火类消防车、举高类消防车、专勤类消防车、保障类消防车四大类。

一、灭火类消防车

灭火类消防车是指可喷射灭火剂扑救火灾的消防车，常见的有水罐消防车、泡沫消防车、压缩空气泡沫消防车、干粉消防车和泡沫干粉联用消防车。此外，泵浦消防车、二氧化碳消防车、涡喷消防车、路轨两用消防车也属于灭火类消防车。

（一）水罐消防车

水罐消防车是以消防水泵（含低压消防泵、中低压消防泵、高低压消防泵与高中低压消防泵）、水罐、消防水枪、消防水炮等消防器材为主要消防装备，以水为主要灭火剂的消防车。在消防部队主要担负火灾扑救任务的年代，水罐消防车一直是最重要的消防车辆。随着时代的发展，水罐消防车也逐步升级换代，一些担负抢险、举高等特种救援任务的消防车辆上也装置了载水装置，在救援的同时进行灭火作业。一些水罐消防车加装了抢险救援器材，成为城市主战消防车，其综合救援的功能得到加强。

水罐消防车根据消防水泵的安装位置不同，可分为中置泵式水罐消防车和后置泵式水罐消防车两种类型。在中置泵式水罐消防车中，水泵安装在车辆的中部，器材箱设置在车辆的后部；而在后置泵式水罐消防车中，车辆的后部为泵房，器材箱设置于车厢前后两侧。

常用的水罐消防车主要有中型和重型两种，主要采用中型和重型汽车底盘改装而成。目前水罐消防车仍以中型水罐消防车为主。

（二）泡沫消防车

泡沫消防车是指装配有水泵、泡沫液罐、水罐以及成套的泡沫混合和产生系统，可喷射泡沫扑救易燃、可燃液体火灾，以泡沫灭火为主、以水灭火为辅的灭火战斗车辆。泡沫消防车是在水罐消防车的基础上通过设置泡沫灭火系统改进而成的，具有水罐消防车的水力系统及主要设备，根据泡沫混合的不同类型分别设置泡沫液罐、泡沫比例混合器、压力平衡阀、泡沫液泵、泡沫枪炮等。

（三）压缩空气泡沫消防车

压缩空气泡沫消防车主要用于建筑火灾、车辆火灾和一般固体火灾的扑救，也是高层内攻灭火的首选装备，具有省水、环保、灭火效率高等特点。车上装有取力器、车载消防泵、储水罐、泡沫罐、空气压缩机、泡沫比例混合器、供水（泡沫）接口。

（四）干粉消防车

干粉消防车是指主要装配有干粉罐以及全套干粉喷射装置与吹扫装置的灭火消防车。干粉消防车以干粉为灭火介质，以惰性气体为动力，通过干粉喷射设备瞬时大量喷射干粉灭火剂来扑救可燃及易燃液体、气体及电气设备等火灾，是石油化工企业常备的消防车。

干粉消防车上有多组氮气储气瓶、干粉灭火剂储罐、干粉喷射装置。干粉消防车需要定期查看氮气储气瓶的压力，定期补充氮气，定期喷射干粉，防止干粉结块，堵塞管路。实战中要注意干粉枪和干粉炮灭火时的角度、摆动幅度及每次进攻持续的时间，还能够直接向化工储罐内注射氮气，实现"氮封"功能。

（五）泡沫干粉联用消防车

泡沫干粉联用消防车就是将泡沫消防车与干粉消防车的功能整合起来，实现两种消防车的相关功能，适用范围更加广泛。

二、举高类消防车

举高类消防车即装备举高和灭火装置，可进行登高灭火或消防救援的消防车。通常根据举高消防车臂架系统结构的不同和用途上的差异，将其分为云梯消防车、登高平台消防车和举高喷射消防车三种类型。

（一）云梯消防车

云梯消防车通常安装伸缩式举高臂架、转台及灭火装置（水泵、水炮），可供消防人员登高扑救高层建筑、高大设施、油罐等火灾，营救被困人员，抢救贵重物资，以及完成其他救援任务。举高臂前端一般带有工作平台，分固定式和可升降式两种，具有举升速度快、可多人同时沿伸缩臂架的梯凳向下疏散等特点；但受空中和地面障碍影响较大，对操作环境要求较高。工作平台上通常安装有水炮和水带接口，以便消防人员直接实施灭火作业，或者连接水带从窗口、平台、屋顶等高处直接进入建筑实施灭火作业。特殊情况下，可作为举高喷射消防车使用。

（二）登高平台消防车

登高平台消防车的功能用途和结构组成与云梯消防车相似，主要区别是采用折叠式举高臂架或组合式举高臂架（同时具有折叠臂与伸缩臂两种功能），操作更加灵活，可有效避开部分空中障碍，对操作环境的要求相对较低。

登高平台消防车可向高空输送消防员和灭火救援器材，救援被困人员以及喷射灭火剂，被困人员只能依靠工作平台转移且数量有限，同时人员转移速度慢，也可在工作平台上加装往复式缓降器，以提高救人速度。实战中当遇有多人高处被困时，要重点防止工作平台超重导致臂架折断，同时要充分利用周边环境，将被救人员转移至邻近建筑的屋顶或平台等相对安全的区域，从而节省举高臂升降时间，提高救人效率。

（三）举高喷射消防车

举高喷射消防车通常安装折叠式或组合式举高臂架、转台和灭火装置（消防泵、水炮或泡沫炮），一般装有与泡沫消防车相同的泡沫供给系统。

举高喷射消防车与登高平台消防车相比，臂架顶端没有工作平台，不能载人，但装有大流量的泡沫炮、水炮，具有流量大、射程远等特点，故可以在距火源较远的地方，居高占领有利位置进行灭火作业。它适用于扑救危险性较大的大型石油化工、油罐仓库及高大建筑的火灾。部分举高喷射消防车还安装了干粉供给系统，举高臂架前端安装了三个炮头，可同时喷射水、泡沫和干粉三种灭火剂，因此也称之为"三相射流消防车"。这种消防车灭火效能非常高，且在举高臂架前端加装具有破拆功能的机械设备，可对墙壁、屋顶等进行破拆，再进行灭火剂喷射。

三、专勤类消防车

专勤类消防车是具有某种专项技术功能（灭火作业除外），担负某种专项消防安全作业任务的消防车，主要包括照明消防车、排烟消防车、通信指挥消防车、抢险救援消防车、核生化检测消防车、化学事故抢险救援消防车、防化洗消消防车等。

（一）照明消防车

照明消防车上主要配备有发电机、固定升降照明塔、移动灯具及通信器材等，为夜间灭火、救援工作提供照明，兼作火场临时电源，为通信、广播宣传和破拆器具提供电力。

照明消防车是以现场照明为主要功能的消防车，适用于夜间及光线不足现场的室外照明，特别是在作战时间比较长的火灾和自然灾害事故处置现场。根据需要，车上还可配备移动式照明灯、吊车、牵引、抢险救援工具，其亦可作为器材车辆或抢险救援车辆使用。排烟照明消防车是排烟消防车和照明消防车的组合，是以火场排烟、火场照明为主要功能的特种消防车。

（二）排烟消防车

排烟消防车是以排烟、送风为主要功能的消防车，适用于地铁、隧道、地下建筑、人防工程等受风限制场所的排烟及应急通风，也可用于危险化学品气体泄漏的吹扫稀释。排烟消防车上装有大功率排烟风机、动力传动和操控系统。多数排烟消防车同时具有正压送风和负压排烟功能，但负压排烟功能要远低于正压送风功能，特别是负压排烟管连接超过 60 米后，其排烟性能下降明显。在进行负压排烟时要视情况在排烟管靠近火场一端设置移动水炮，防止高温烟气引燃排烟管。在进行正压送风排烟时，车辆停靠位置应尽量与自然风向一致，吹扫时应开启水幕功能，以提高降温、排烟或稀释效果。

（三）通信指挥消防车

通信指挥消防车是用于火场通信联络和指挥的专用消防车辆，通常配备有齐全的通信设备，集发电、升降照明、无线通信、火场录像、扩音指挥等功能为一体。通信指挥消防车是消防无线通信三级网中的管区覆盖网的主要通信设备，由它形成火场临时指挥部，在火场中指挥员可以通过车内通信设备进行现场指挥。

（四）抢险救援消防车

抢险救援消防车是以承担各类抢险救援作业任务为主要功能，同时可以为火灾及各类事故现场提供抢险救援器材和物资的一种消防车。其一般需要配备起吊、牵引、发电、照明等设备，车内器材箱的空间大、分隔多，可随车配备侦检、破拆、救生等各类抢险救援器材装备，属于特勤消防车。抢险救援消防车被广泛用于消防救援，可以有效应对自然灾害、突发事件以及抢险、抢救等各类事故处置。

（五）核生化检测消防车

核生化检测消防车是以侦察、检测核放射性物质、生物、化学污染及危害为主要功能的消防车。车上配备多种移动式侦检装备、检测仪器以及用于样品种类分析的独立检测系统，有的还可将样品检测数据直接传输至检测中心进行比对分析，以确定核放射源的种类、强度，以及生物、化学和军事毒剂的种类、浓度。

（六）化学事故抢险救援消防车

化学事故抢险救援消防车是指在危险化学品事故现场以人员、装备、场地洗消和堵漏抢险作业为主要功能的消防车。车上装有取力器、车载消防泵、储水罐（有的带有搅拌功能）、可清洗地面的喷头和卷盘式快速洗消枪。随车配备各类防化防护装备、堵漏器材、输转器材、洗消器材、简易洗消帐篷和洗消剂。

实战中要注意洗消剂种类的选择、配比和搅拌，以及污水的收集与处理。

（七）防化洗消消防车

防化洗消消防车是专门用于对被化学品、毒剂等污染的人员、器材、车辆等实施冲洗和消毒作业的消防车。随车装有取力器、车载消防泵、带有加热和搅拌功能的洗消液罐、可清洗地面的喷头和卷盘式快速洗消枪，且配备了各类冲洗、中和、消毒药剂，以及各类洗消器材、公众洗消帐篷和污水收集系统等装备。

实战中要注意洗消剂种类的选择、配比、搅拌和加热温度，以及污水的收集与处理。

四、保障类消防车

保障类消防车是向灭火应急救援和重大活动保卫现场补充各类灭火剂、消防装备和生活设施等相关保障的消防车。常见的保障类消防车有供气消防车、供液消防车、供水消防车、器材消防车、装备抢修车、饮食保障车、加油车、运兵车、宿营车、卫勤保障车、发电车、淋浴车等。下面仅对供气消防车、供液消防车、供水消防车、器材消防车这四种消防车做简单介绍。

（一）供气消防车

供气消防车是给空气呼吸器气瓶及气动工具充气的消防车。供气消防车上装有空气压缩机、空气过滤系统、大容量储气系统、充气控制系统、充气防爆箱，可选配装载发电照明设施、备用空气呼吸器气瓶储存架。实战中，供气消防车应停放在上风或侧风方向，以确保所提供的压缩空气清洁并符合使用要求。

（二）供液消防车

供液消防车是用于运输各类泡沫液并能直接向泡沫消防车输送泡沫液的消防车。供液消防车上一般装有2～3个泡沫液储罐和泡沫液输转泵，可同时装载两类以上的泡沫液。由于泡沫液不能使用离心泵输转（泡沫容易被高速旋转的叶轮破坏结构，导致变质失效），这类消防车必须使用齿轮泵等传输装置，因此传输距离有限，且流量较小。

（三）供水消防车

供水消防车是用于大型火灾事故现场为前方主战消防车供水的消防车。车上装有大容量储水罐，配有大流量消防泵，并具有一般水罐消防车的功能。与一般水罐消防车的主要区别是，供水消防车乘员数量少，器材箱空间小，储水罐容量大。

（四）器材消防车

器材消防车是用于向事故现场补充灭火、破拆、救生器材以及备用气瓶和个人防护装备的消防车。器材消防车上装有大容量器材箱，一般采用多个拉帘门或展翼式设计，有的带有升降装卸设备，有的还采用自装卸式集装箱，根据地震、水域等不同类型灾害事故的救援需要，一个灾害事故类型一个集装箱，模块化配置相应功能。

第六节　消防员防护装备

消防员在灭火救援战斗中，往往处于烟雾、毒气、酸碱、高温，甚至放射性物质的包围之中，从某种意义上讲，消防员的个人防护装备是灭火救援成败的关键。

消防员防护装备主要包括呼吸保护装备、防护服装及其配套装备、消防用防坠落装备等。

一、呼吸保护装备

（一）正压式消防空气呼吸器

正压式消防空气呼吸器主要是在缺氧、有毒有害气体的环境中用于呼吸防护，由面罩、供气阀、气瓶、减压器（含压力表和报警阀）、背托五部分组成。

使用时要检查气瓶压力是否在25MPa以上，检查面罩的气密性、报警阀和压力表是否正常，其他部件是否完整好用。当气瓶压力下降至4MPa～6MPa时，报警哨会发出蜂鸣声，使用人员须立即撤离到安全区域，内攻时应根据撤离所需时间留足余量撤离。严禁在水下使用，使用温度为-30℃～60℃。常见的正压式消防空气呼吸器一般设有"他救接口"，可快速连接第二个面罩，同时为两人供气，主要用于救助被困群众或队友。

（二）移动供气源

移动供气源也称"长管空气呼吸器"，是消防人员长时间在有毒有害气体、蒸气、粉尘、烟雾及缺氧环境中定岗作业或小活动范围工作时进行呼吸保护的一种防护装置，由车架、气瓶、减压器、导气长管（30～60米规格不等）、供气阀、面罩、应急转换逃生装置七部分组成。移动供气源使用的环境温度为-30℃～60℃，不适用于高温、水下、强酸、强碱等环境条件下的作业。在进行灭火救援时，可供1～2人同时使用，其佩带、使用要求与正压式消防空气呼吸器相同，但后方（气瓶车架位置）必须安排专人操作和监护。

（三）消防过滤式综合防毒面具

消防过滤式综合防毒面具是消防人员在开放空间的有毒环境中作业时进行呼吸保护的一种防护装置，由防护头罩、过滤装置和面罩三部分组成，或由防护头罩和过滤装置组成。面罩可以是全面罩和半面罩，主要依靠使用者呼吸克服部件阻力，防御有毒、有害气体或蒸气、颗粒物等危害眼睛和呼吸系统，对消防人员进行呼吸保护，适用于开放空间（含氧量在17%以上）的有毒环境中作业时的呼吸保护。

使用前应先用侦检仪器确定作业环境中的含氧量和有毒物质，按照说明书和过滤罐上的标识（颜色及代码），选择相应级别的过滤罐，使用时如出现吸气温度升高的情况，应判别是否属于过滤罐内药剂的正常反应现象；若察觉过滤罐异味或呼吸阻力增大，应及时撤离现场。使用后应将打开的过滤罐全部做报废处理。

（四）强制送风呼吸器

强制送风呼吸器在消防过滤式综合防毒面具的基础上增加了送风机和呼吸管，由面罩、过滤装置、送风机和呼吸管等组成。利用电池作为动力带动风机，帮助使用者克服过滤罐的呼吸阻力。

强制送风呼吸器不适用于易燃、易爆场所的作业，其他要求和注意事项与消防过滤式综合防毒面具一致。

二、防护服装及其配套装备

防护服装是指避免消防人员受到高温、有毒物质及其他有害环境伤害的服装、头盔、靴帽、眼镜等。

（一）消防头盔

消防头盔是用于保护消防员头部、颈部及面部的防护装备，除防热辐射、燃烧火焰、电击、侧面挤压外，最主要的功能是防止坠落物冲击和穿透，由帽壳、缓冲层、佩戴装置、面罩、披肩和下颚带等部件组成。消防头盔按外形不同可分为全盔式和半盔式两种，主要区别：全盔式消防头盔能对后脑和耳部形成较好的防护，适合火场内攻人员使用；半盔式消防头盔方便通信和抬头仰视，适合中高级指挥员、驾驶员和其他灭火岗位的消防人员使用。

（二）防护服

1. 灭火防护服

灭火防护服适用于灭火救援时穿着，对消防员的头、颈、躯干、手臂进行防护，具有一定的阻燃、隔热、防水、透气等性能。灭火防护服由外层、防水透气层、隔热层、舒适层等多层织物复合而成，外层设有黄色、银色、黄色相间的反光标志带。

灭火防护服在使用时应扣紧所有部件，避免直接接触明火及有锐角的坚硬物体，不能在化学品泄漏区域、放射性和生化毒剂环境中以及水域救援时使用，也不适用于强辐射热或火焰区内等高温场所作业时穿着。

2. 隔热防护服

隔热防护服是消防人员在灭火救援靠近火焰区受到强辐射热侵害时穿着的防护服，主要在扑救强辐射热的油类、可燃气体火灾及高温环境下作业时穿着，可对其全身进行隔热防护。隔热防护服具有良好的阻燃、隔热和防辐射热性能，但不能与火焰直接接触，不适用于放射性、危险化学品、生物毒剂等事故的处置作业。隔热防护服分为分体式和连体式两种，主要由隔热上衣、隔热裤或隔热衣裤（连体式）、隔热头罩、隔热手套及隔热脚盖组成。

使用前应检查隔热防护服有无损伤，并及时更换破损的部件。灭火救援时应防止刮碰，并设置开花水枪进行保护降温。

3. 避火防护服

避火防护服是消防人员进入火场、短时间穿越火区或短时间在火焰区进行灭火战斗行动时为保护自身免遭火焰和强辐射热伤害而穿着的一种防护服装。避火防护服采用分体式结构，由头罩、带呼吸器背囊的防护上衣、防护裤子、防护手套和防护靴子五部分组成。避火防护服采用导热系数低、隔热性能优良且能抗高温热蒸气的八层织物组合结构，以抵御强辐射热、传导热和高温热蒸气的侵袭，不适用于放射性、危险化学品、生物毒剂等事故的处置作业。

穿戴避火防护服时，应由他人辅助配合和检查空气呼吸器、通信器材佩带情况，必要时应有水枪进行防护。

4. 二级化学防护服

二级化学防护服俗称"轻型防化服"，是消防人员处置液态化学危险品和腐蚀性物品，以及在缺氧现场环境下实施救援任务时穿着的防护服。二级化学防护服为连体式结构，由头罩、防护服、防护靴和手套"连体"组成，具有一定的耐腐蚀、耐渗透性，能防止各类有毒、有害液体渗透，但不能防止蒸气或气体渗透（因为面部未全部封闭），面部保护需要与正压式空气呼吸器、过滤式综合防毒面具等防护装备配合使用。

二级化学防护服一般不在日常训练时使用，受重污染后，一般做报废处理，不建议二次使用。

5. 一级化学防护服

一级化学防护服是消防人员在短时间内处置高浓度、强渗透性气体化学品事故时穿着的防护服，为全密封结构，由带大视窗的连体头罩、化学防护服、正压式空气呼吸器背囊、防护靴、防护手套、通气系统（含外置接口）、排气阀等组成，一般与正压式空气呼吸器、呼救器、通信器材等配合使用。

使用前应检查一级化学防护服的外观，检测其气密性，检查服装是否有破损。若发现破损，则严禁使用。穿戴时先佩戴好正压式空气呼吸器及其他内置器材装备，再按照二级化学防护服的着装步骤穿着，并将正压式空气呼吸器打开，按要求收紧全身密封及束紧带。重型防化服不得与火焰、熔化物、尖锐物直接接触，不适用于核辐射、有爆炸危险等情况的处置作业，在强腐蚀、强渗透环境下的作业时间累积不能超过 1 小时，其他要求与二级化学防护服相同。

6. 特级化学防护服

特级化学防护服与一级化学防护服的结构和外观基本一致，主要区别是，特级化学防护服的面料材质具有更强的防渗透性，能够抵御各类军事毒剂、生物毒剂和多种高强渗透化学物质，且耐高温、耐热辐射，并具有一定的阻燃性能。另外，特级化学防护服均配有用于连接移动供气源的快速接口，用于长时间作业时的空气补给。特级化学防护服使用方法及相关要求与一级化学防护服相同。

7. 核沾染防护服

核沾染防护服是消防人员在处置核放射事故时，为防止放射性沾染伤害而穿着的防护服，一般适用于低剂量核辐射环境下的作业。此类防护服原用于工业作业，后发展到应急处置，种类品种较多，功能结构不一，有分体式、连体式、全封闭式三种类型。由于核事故（除工业、核电站泄漏事故外）经常伴随有生化灾害，因此部分应急处置类的核沾染防护服改进为防核防化服，具有一定的防化功能，其结构与特级化学防护服相似。

使用时可按照特级化学防护服的要求执行，但必须佩带一个内置"个人辐射剂量仪"，以便时刻掌握自身受辐射强度与承受能力。

8. 消防员防蜂服

消防员防蜂服是消防人员在执行摘除蜂巢等任务时，用于防止马蜂等有毒昆虫的侵害，保护自身安全而穿着的防护服装。消防员防蜂服分为连体式、分体式两种类型，由头盔、透明通风面罩、防穿刺手套、消防胶靴、上衣、裤子等组成，具有防割、防穿刺等多种防护功能，与防化服相近，也可代替防化服的日常防化训练，严禁用于化学事故处置作业。

使用时要扎紧袖口、裤脚口，检查防蜂服的搭扣等部位是否完好，确保全封闭。使用后要确保在周边无马蜂的情况下再脱下防护服。

（三）灭火防护头套

灭火防护头套用于灭火行动时佩戴，以保护头部、面部、颈部等裸露或有空隙的部位，防止高温烟气或瞬间火焰对消防人员造成伤害，具有阻燃、隔热等性能以及保暖吸汗的功能。

（四）消防手套

消防手套是消防人员在灭火救援作业时用于保护手部及腕部的防护装备。常见的消防手套有灭火手套、抢险救援手套、绝缘手套、防割手套、防高温手套、防化手套等。

（五）灭火防护靴

灭火防护靴是消防人员在进行灭火作业时用来保护足部和小腿免受水浸、外力损伤或热辐射等因素伤害的防护装备。灭火防护靴通常为胶靴，在北方寒冷地区也使用皮靴，均具有防砸、防滑、防割、防穿刺、阻燃、隔热、耐电压、耐油、耐酸性等综合防护功能。

灭火防护靴不适用于浓酸、浓碱等危险化学品和生物毒剂、放射性物质及电压大于 4 千伏（kV）的带电设备等事故的处置作业。

三、消防用防坠落装备

消防用防坠落装备是指消防救援队伍在灭火救援或日常训练中用于登高作业、防止人员坠落伤亡的装置和设备。消防用防坠落装备主要具有攀援辅助功能、坠落保护功能。

（一）消防安全腰带

消防安全腰带是一种紧扣于腰部的带有必要金属零件的织带，用于承受人体重量以保护其安全，适用于消防人员登高作业和逃生自救。

使用时应检查消防安全腰带的完整性，卡扣是否卡紧，可以长时间暴露在明火或高温环境中。

（二）应急逃生自救安全绳

应急逃生自救安全绳是用于自救和他救的一种绳索，长度一般不应小于10米。可单独制作各类绳结或作为导向绳使用，也可与消防安全腰带、消防安全吊带配合使用。

使用时，应尽量避免接触尖锐、粗糙或会造成安全绳划伤、断裂的物体（如建筑物的外沿、窗框、墙角等），如必须经过有棱角的位置，应使用绳套、墙角护轮或者将衣物等垫于安全绳下方，防止发生磨损。使用后，要进行检查，发现绳体出现鼓包、纤维断裂等现象需做禁用标识。

（三）消防安全吊带

消防安全吊带是一种围于躯干的带有必要金属零件的织带，用于承受人体重量以保护其安全，分为Ⅰ型、Ⅱ型、Ⅲ型三类。其中，Ⅰ型、Ⅱ型为半身型安全吊带，Ⅲ型为全身型安全吊带。

（四）消防防坠落辅助部件

消防防坠落辅助部件是与安全绳、安全吊带、安全腰带配套使用的承载部件的统称，用于绳索救援时的上升、下降、锁定等行动控制与安全防护。消防防坠落辅助部件主要包括安全钩、上升器、下降器、抓绳器、便携式固定装置和滑轮装置等，可分为轻型和通用型两种类型。

使用人员必须进行专业训练，熟练掌握各类绳索技术与操作方法。使用前应进行全面检查，确保各部件的完好性，如出现锈蚀、部件铆钉松动、弹簧不能复位等情况应及时修复、更换或停止使用，要特别注意安全绳的直径及磨损程度是否符合各部件的型号要求。辅助设备应定期擦拭，保证其清洁、干燥。

4

第四章

消防通信

第一节 消防通信概述

一、消防通信的发展与分类

消防通信是指利用有线、无线、计算机及简易通信方法，以传送符号、信号、文字、图像、声音等形式表述消防信息的一种专用通信方式。

消防通信服务对象分为两部分：对内是消防部队以及与消防灭火救援工作直接相关的部门与单位，对外是受理社会公众的火灾报警和其他灾害事故报警。

消防通信是消防工作的重要组成部分。在具体运用中，对传递消防信息、促进队伍执勤战备、完成火灾扑救与抢险救援任务，有着不可替代的作用。

（一）消防通信的发展

我国的消防通信技术及其设备器材是在中华人民共和国成立后才逐步发展起来的。

在 20 世纪 50 年代，我国消防队伍的调度指挥只限于磁石电话通信，信息传递速度很慢。火场通信基本上采用口喊、吹哨、灯光、旗语、手势等方式进行。

20 世纪 60 年代，消防通信设备有所改进，在有线通信调度方面，共电式交换机开始应用，部分消防队制作了简易火警调度台，以满足接警调度的需要。在无线通信调度方面,开始应用短波无线电台和电报机。

20世纪70年代,无线通信设备逐渐由甚高频调频无线电话机代替了短波调幅无线电话机。有线、无线转接设备在某些消防总、支、大队开始应用。由于无线电话机的使用量逐渐增多,无线通信组网技术开始发展。

20世纪80年代,是我国消防通信技术迅速发展时期,消防专用火警调度台系列相继问世,逐步取代共电式交换机。目前我国大部分城市基本上采用了专用火警调度机系列设备,有线通信网已基本建成。《城镇公安消防部队消防通讯装备配备标准(试行)》的制定,促进了消防通信技术装备的发展。

20世纪90年代,中华人民共和国公安部把消防通信指挥系统总体方案的设计列为重点科研项目,经过多年的研究论证,吸收了国内外城市消防通信建设的先进经验和成果,编制完成了《消防通信指挥系统设计规范》(GB 50313—2013),在消防通信指挥系统的技术构成、系统设备配置及功能要求等方面,提供了较规范的指导原则及技术依据,使通信指挥系统的建设步入了正规化的发展轨道。按照有关消防法规以及国务院办公厅批转印发的《消防改革与发展纲要》的要求,每个大、中城市都要尽快建立功能完备、先进高效、合理适用的城市消防通信调度指挥系统,研制开发以计算机为中心的消防通信调度指挥中心,配备较为先进的数字时分程控交换机,接入数字中继,实现主叫号码、单位、地址及相关地理信息的自动生成、数字录音、录时、车辆动态管理、大屏幕图像文字信息显示、高层瞭望监视图像传输等高新技术。无线、有线通信网络进一步发展完善,有线电话调度逐渐被计算机远程终端取代,无线移动电话、集群系统、常规网络、寻呼系统等使火场三级组网成为现实。

进入21世纪后,人类的消防通信技术获得长足进步。卫星通信、集群通信等逐渐成为主流的消防通信手段,在重大自然灾害、重要公共事件、大型集会活动等场合中,为紧急救援、指挥调度等工作提供必要的保障和支撑。

随着电子信息技术和计算机技术的不断发展,城市消防通信指挥系统建设的逐步普及,消防通信指挥的自动化、现代化程度要求越来越高。

(二)消防通信的分类与组网

1.消防通信的分类

(1)按技术组成分类。

消防通信按技术组成不同可分为三类,即有线通信、无线通信、计算机通信。

①有线通信。

有线通信是由消防有线通信设备与邮电线路中的消防专用线路组成的通信网,是"119"火灾报警的基本方式。

②无线通信。

利用无线电通信设备传递消防信息,能够增加通信的有效距离,扩大消防通信的覆盖面,是火场与救灾现场通信的主要方式。

③计算机通信。

计算机通信是利用计算机技术处理与灭火救援战斗有关的信息、命令的一种消防通信方式,是实现消防通信自动化的主要方式。

(2)按作用分类。

消防通信按作用不同可分为三类,即报警通信、调度通信、救援现场通信。

①报警通信。

报警通信是用于报告和接收火灾及其他灾害事故信息的报警。

②调度通信。

调度通信用于调集灭火救援力量以及战斗所需要的其他各种力量。

③救援现场通信。

救援现场通信用于灾害事故现场的通信联络以及与调度指挥中心的联络。

2.消防通信的组网

消防通信主要通过三级组网来实现，分为消防一级通信网、消防二级通信网和消防三级通信网。

（1）消防一级通信网。

消防一级通信网，又称"城市覆盖网"，是城市消防管区通信覆盖网，适用于保障城市消防指挥中心与所属消防分指挥中心、消防站点固定电台、车载电台、大功率手持电台之间的通信联络。

（2）消防二级通信网。

消防二级通信网，又称"现场指挥网"，主要使用单频单工手持电台网，适用于现场各级指挥员之间的通信联络，采用统一信道，使用时坚持"先听后发"的原则。

（3）消防三级通信网。

消防三级通信网，又称"灭火救援战斗网"，用于保障现场各站指挥员与班长、班长与战斗员之间的联络，每个中队采用各自特有的信道，互不干涉。

二、消防通信的任务与要求

（一）消防通信的任务

根据消防部队担负的任务及对通信工作的需要，消防通信的任务是：保障消防部队各种信息的传递，重点保障灭火救援作战指挥的信息传递。具体工作内容如下。

1. 受理火警

受理火警是指通过各种信息传输渠道，接收火灾和其他灾害事故情况报告的过程。这一过程从辨识启动信号、接听报警开始，到消防通信调度指挥中心掌握基本灾情信息结束。

按照城市接警区域划分方式的不同，火警受理的方式通常可以分为以下几种类型。

（1）集中接警。

集中接警是指在城市消防责任区内，只设置一处报警处理中心，在其责任区内发生的火警及其他灾情报知，均由该受理中心集中受理。

这种火警受理方式的优点有以下几个：接警机构专业化，接警处理准确度高；接警调度程序化，易于实现自动化调度指挥；消防队伍调度集中化，便于科学调配灭火救援力量，能够提高灭火救援成功率。其缺点是增加了报警处理层次，影响了出警速度。

（2）分散接警。

分散接警是指在城市消防责任区域内，按照一定的规则（如消防站管区）划分若干个接警区域，对应设置若干个受理点，分别独立受理火警报警。接警区域内用户拨打"119"报告火警或其他灾情时，市话网交换设备将其接续到该受理点进行接听处理。各受理点只能接收处理本区域的报警电话，不能跨区接警，因此，分散接警也称"独立接警"。

分散接警的优点是消防队（站）直接受理报警报告，出动响应时间短，差错率低；缺点是接警时牵涉面大，对接警人员的素质要求高，不易实现消防接警调度指挥自动化。

（3）集中与分散接警。

集中与分散接警是前两种接警方式的组合形式，通常在大城市行政管辖地域面积大，市区以外的郊区城镇分布范围广、距离远的情况下采用。其具体形式一般为：在市区及其近郊区按集中接警方式受理；在远郊区、县则按各个行政区域划分独立接警区，实行分散独立受理报警。

从总的发展趋势来看，为了逐步实现接警调度的计算机化，实行分散接警方式的城市最终都要调整过渡到采用集中接警方式。

2. 调度指挥

调度指挥是指调度指挥中心在掌握基本灾情信息后，依据消防力量调度规定（一般由各地自行制定），迅速准确地调派灭火或抢险救援人员力量与技术装备力量，同时传输现场所需技术资料、灭火救援方案等，辅助火场指挥员进行决策。另外，依据现场信息反馈或上级领导的命令，调整或增派各种力量。

消防调度是指为实施灭火救援而对消防力量进行指挥、组织、安排、调配的过程。各级消防指挥员对消防队伍现场以外的指挥、调动，基本上也要通过调度室传达、实施。对于所发布的调度指令，消防部队必须无条件、不折不扣地迅速执行。

（1）调度的一般要求。

消防调度的一般要求是：加强首批，力量适度，增援迅速。

①加强首批。

接警后调出的首批出动灭火力量通常是最先到达火场、最早投入灭火战斗的力量。要迅速控制火势，最大限度地减少火灾损失，足够的到场力量是前提条件。因此，在消防调度工作中，应根据接警掌握的火场情况和灭火救援预案，科学调派首批出动力量。

②力量适度。

调度消防力量的"度"是比较难把握的。除了按预先制订的火灾等级相应的调车计划实施以外，在力量的增、减上，应根据火势大小、灾害程度、现场实际等具体情况灵活掌握。

③增援迅速。

首批力量出动后，调度工作的重点应放在增援力量调度上。增援调度有两种形式：一是预见性增援，二是应要求增援。

预见性增援是指调度人员在接到首次报警、调出首批出动力量后，应根据报警电话陆续报来的灾情，综合分析已调出的力量是否足够。如察觉力量欠缺，要立即补调增援队伍出动，以保证增援及时。

应要求增援是指当首批出动力量到场后，现场指挥员根据侦察结果提出增援请求，调度指挥中心迅速按要求调出增援力量到场。通常情况下，调度人员会提示现场指挥员考虑是否需要增援，以便争取调援时间，及时调派增援力量到场。

（2）首批出动力量的调度方法。

①按灾害程度分级调度。

调度指挥中心在受理灾情报警后，首先应充分分析灾情发生的程度，如所发生火灾的燃烧面积，火场中被困人员的估计数量，火势蔓延可能造成的损失，火灾扑救的难度，等等；然后，依据本单位对灾情程度的等级要求，迅速调派足够的首批出动力量奔赴现场，实施灭火救援行动。随后，加强与现场指挥员的通信联络，做好增援力量的调集准备。

②按灾害类型分类调度。

调度指挥中心在接到不同类型的灾害报警后，如液化石油气罐车颠覆，高速公路上的汽车事故，铁路隧道火灾，人员集中场所爆炸事故，等等，首先要在掌握此类型灾情程度的基础上，准确分析出灾害的特点，然后根据其特点，科学地有针对性地组织消防器材装备及救援器材，调派特勤消防人员或有专业特长的普通消防力量，作为首批出动力量到场施救，同时通知有关增援力量，做好增援准备，等待命令。

③按灭火救援预案调度。

调度指挥中心在受理重点保卫单位的灾情报警后，应根据灾情发展的实际情况，按照其灭火救援预案的力量调动计划，迅速派出首批出动力量到场施救,然后将灭火救援预案发送给移动指挥终端,同时按照灾害的特点,选择有关资料,如可燃气体危险浓度数据、各种化学危险品处置方法、公用消防水源现况等,发送给移动指挥终端,辅助现场指挥员进行决策。

④按上级领导指示调度。

调度指挥中心在对所发生灾情实施调度指挥过程中,当接到上级领导对处置此类灾情的指示命令时,调度人员应迅速落实领导的指示精神,如通知某位专家到场,调某单位某种灭火剂到场,通知某消防器材厂商技术人员到场,等等。完成任务后,及时向领导报告命令落实情况。必要时,应主动向领导提供足够的辅助决策资料,以便于领导组织指挥工作。

(3)增援力量及物资的调度方法。

调度指挥中心派出首批出动力量后,要加强与灾害现场的通信联络。必要时可按增援计划统计可供调出车辆数、车辆种类,查明灾害发生地区的周边情况,做好调度增援力量及物资准备。

①途中调度。

辖区消防中队或者首批出动的其他力量,在奔赴现场的行驶途中,经现场报警人员描述和途中观察得到新的灾害情况,分析后可迅速向调度指挥中心提出增援请求,并且提出具体的增援人员以及物资的种类、数量要求,争取时间,抓住时机,以达到对初期灾情进行有效处置的目的。

②临场调度。

首批出动力量或总、支(大)队值班领导到达现场后,会根据现场情况的发展与变化,对到场的参战力量及装备器材进行重新部署。力量不足时,会提出增援要求,调度指挥中心应按照现场指挥员所需要的灭火救援力量、车辆种类与数量及消防器材,根据规定的增援顺序或就近调集的原则,立即发出调度指令,迅速将增援力量派往现场,不能迟误拖延。

3. 现场通信

利用火场或救灾现场通信网络,科学组织各层次指挥员的通信联系,及时使下情上报、上令下行。通过通信网络使整个火场或救灾现场形成一个整体,达到令行统一,确保灭火与抢险救援任务的顺利完成。

4. 消防勤务通信

消防勤务通信是指在重大政治活动、文化体育活动、大型群众活动和突发事件现场,以及在火灾危险性大的重要施工现场执行消防勤务时,与部队各级机关、所属单位内部管理部门和对外有关单位联络的通信工作。

(二)消防通信的要求

公安消防部队是一支与火灾及其他各种灾害事故作斗争的军事化、专业化队伍。它的任务性质和行动特点决定了对消防通信的要求,即迅速、准确、不间断。

1. 迅速

迅速是指受理报警信息迅速、下达指令迅速、建立联络迅速、传递命令迅速,在消防通信保障的全过程中分秒必争,最大限度地减少信息处理时间,避免贻误战机。

2. 准确

准确是指接警情况准确、调度力量准确、传递信息准确、统计登记准确,做到全过程无差错。

3. 不间断

不间断是指消防通信指挥系统应制定系统备份替换方案,并有应急措施，以保证系统能够长期、可靠地持续运行；现场通信联络应有各种情况的处置预案和保障手段，保证消防通信不间断。

第二节 消防通信技术

一、现代科学技术在消防通信中的应用

（一）无人机技术

随着社会的发展和科技的进步，无人机技术已经广泛应用于各个领域。在消防通信领域，无人机技术也展现出巨大的应用潜力和优势。消防通信是消防工作中至关重要的一环，它保障了消防员和调度指挥中心之间及时、有效地沟通；而无人机技术的引入，可以进一步提高消防通信的效率和可靠性，为消防救援工作提供更好的信息支持。

1. 无人机技术在消防通信中的应用

无人机技术在消防通信中的应用体现在以下几个方面。

（1）提高通信效率。

在传统的消防通信中，通常使用无线电或手机进行沟通，然而在某些复杂环境下或信号较差的环境下，这些通信方式可能会受到干扰或无法正常工作，而无人机技术可以通过搭载通信设备，实现在复杂环境下的有效通信。无人机可以在空中飞行，绕过障碍物，抵达信号盲区，从而建立与调度指挥中心或消防员之间的通信链路。这大大提高了通信的

效率和可靠性，保证了信息的及时传递及沟通畅通。在火灾现场，无人机可以快速飞抵信号弱区或盲区，通过搭载的通信设备，为消防员提供稳定的通信链路，避免了因地形复杂或建筑物遮挡导致的通信不畅问题；同时，无人机还可以将现场的实时数据和图像传输给调度指挥中心，为指挥员提供准确的信息支持，帮助他们做出科学、有效的决策。

（2）增强应急响应能力。

无人机可以快速到达火灾现场，并实时传输火场的情况给调度指挥中心。在火灾发生时，无人机可以迅速飞抵火源附近，探测温度、烟雾浓度、风向等关键信息，并将数据实时传输至调度指挥中心，为指挥员提供准确、实时的数据支持，有助于其做出更优化的决策和部署。此外，无人机还可以在火场范围内进行搜寻和救援，为消防员提供精准的信息支持。在某些火灾中，无人机可以搭载救援物资，如生命探测仪、呼吸器等，迅速送达火场内部，及时为被困人员提供救援。这极大地增强了消防救援部队的应急响应能力，提高了救援效率。

（3）优化救援决策。

无人机技术可以通过搭载多种传感器和设备，对火灾现场进行详细的探测和分析。这些数据可以实时传输给调度指挥中心，帮助指挥员做出更准确、更优化的决策。在火灾现场，无人机的快速响应能力以及实时传输数据的能力为指挥员提供了全面、准确的信息支持。指挥员可以根据无人机传输的数据，及时了解火场的实际情况。这些数据可以帮助指挥员更加准确地评估火场的情况，制定更加科学、合理的救援方案。此外，无人机的探测和分析还可以为指挥员提供更加全面的信息支持，包括火场的建筑物结构、易燃物分布等情况。这些信息可以帮助指挥员更好地调配资源，合理分配救援力量，以确保救援工作的有效开展。这有助于提高救援效率，减少人员伤亡和财产损失。

2. 无人机技术在消防通信中的优势

无人机技术在消防通信中具有以下优势。

（1）适应性强。

无人机技术可以适应各种复杂的环境和条件。在城市中，无人机可以轻松应对繁华街道的交通拥堵和建筑物阻挡等问题，为消防通信提供稳定的支持。在山区或偏远地区，无人机也可以克服地形崎岖、通信不畅等困难，为消防通信提供有效的技术支持。这种适应性强、能够在不同环境中稳定工作的特点，使得无人机技术在消防通信中具有广阔的应用前景。

（2）响应速度快。

无人机具有快速响应的特点，可以在短时间内到达火灾现场，并实时传输现场情况。在火灾发生时，时间无疑是至关重要的。无人机的快速响应能力为指挥员提供了宝贵的时间窗口，以便及时做出决策和调配资源。相较于传统的消防通信方式，无人机技术可以更快地传递信息，提高决策的效率和准确性。

（3）实时传输数据。

无人机技术可以实时传输火灾现场的数据和图像给调度指挥中心。这种实时数据传输使得指挥员可以及时、准确地了解火灾情况，包括火势的大小、烟雾的浓度、风向等信息。这些数据对于火场情况的评估和灭火策略的制定都非常重要。通过无人机的实时数据传输，指挥员可以及时掌握现场情况，做出更科学、更有效的决策。

（4）提高救援效率。

无人机技术在消防通信中的应用可以有效提高救援效率。一方面，无人机的快速响应能力可以帮助指挥员更快地了解火灾情况，制定出更有效的救援方案；另一方面，无人机可以搭载多种传感器和设备，对火灾现场进行详细的探测和分析。这些数据可以实时传输给调度指挥中心，为指挥员提供全面、准确的信息支持。这种信息支持可以提高指挥员的决策效率和准确性，进而提高救援效率。

（5）降低风险。

无人机技术在消防通信中的应用还可以降低救援风险。在火灾现场，无人机可以代替消防员执行一些危险的任务，如进入火场内部进行探测和搜寻。通过无人机的远程操控和实时数据传输，指挥员可以及时了解火场内部的情况，避免消防员直接暴露在危险环境中。此外，无人机还可以在火场范围内进行搜寻和救援，为消防员提供信息支持，降低救援风险。

总之，无人机技术在消防通信中的应用具有许多优势，如适应性强，响应速度快，实时传输数据，提高救援效率，降低风险，等等。这些优势使得无人机技术在消防通信领域的应用越来越广泛，为消防救援工作提供了更加高效、安全、可靠的支持。随着无人机技术的不断发展和完善，相信其在消防通信领域的应用会越来越成熟，为消防救援工作带来更多的便利和发展机遇。

3.无人机技术在消防通信中面临的挑战与应用前景

无人机技术在消防通信中具有广阔的应用前景，同时面临着诸多挑战。

（1）技术发展与挑战。

随着无人机技术的深入发展，其在消防通信领域的应用也越来越广泛；与此同时，也面临着一些技术挑战。首先，无人机的续航能力是限制其应用的一个重要因素。目前，大部分无人机的续航时间仍然相对较短，这使得无人机在进行长距离飞行或持续工作时存在一定的困难。为了解决这一问题，可以通过提高电池容量、优化飞行路径、降低能耗等方式来延长无人机的续航时间。其次，无人机的载荷能力也需要进一步提高。在消防通信中，无人机可能需要搭载多种传感器和设备，以便实时传输数据和图像；然而，目前大部分无人机的载荷能力有限，使其无法搭载过多的设备和传感器，从而限制了无人机的应用范围。为了解决这一问题，可以通过研发具有更大载荷能力的无人机，或者优化设备布局和飞行路径等方式来提高无人机的载荷能力。再次，无人机的飞行速度也需要进一步提高。在消防通信中，时间是非常宝贵的。如果无人机能够更快地到达火灾现场，更快地传输数据和图像，就可以更好地协助指挥员做出决策，提高救援效率。为了实现这一目标，可以通过改进无人机的设计、采用更高效的发动机等方式来提高无人机的飞行速度。另外，复杂环境下的稳定性和可靠性也是无人机在消防通信领域中应用面临的一个重要挑战。在火灾现场，环境往往非常复杂，包括高温、烟雾、气流等多种因素。这些因素可能会对无人机的飞行产生不利影响，甚至导致无人机失去控制。为了确保无人机的稳定性和可靠性，可以采用先进的传感器和导航系统来提高无人机的感知和控制能力，同时加强无人机的维护和保养工作，以确保其正常运转。最后，随着无人机技术的不断发展，如何确保其与其他设备的兼容和互操作，也是无人机在消防通信中应用时面临的一个重要挑战。在消防通信中，往往需要将无人机技术与其他设备和技术进行集成并协同工作，如消防车辆、消防员配备的设备等。如果无人机技术与这些设备无法实现良好的兼容与互操作，就可能影响整个救援工作的效率和效果。为了解决这一问题，可以采取制定统一的技术标准和规范、加强技术研发和创新等方式，来实现无人机与其他设备的良好协同工作。

（2）法规与政策限制。

无人机技术在消防通信中的应用，除技术发展上的挑战外，还面临着法规和政策方面的限制。目前，世界各国都在加强对无人机技术的监管，制定了一系列法规和政策，以确保无人机的安全和合规使用。这些法规和政策主要针对无人机的飞行高度、飞行范围、使用目的等方面进行了限制。在消防通信中应用无人机技术，需要遵守相关法规和政策。首先，无人机的飞行高度和飞行范围要符合相关规定。在大多数国家和地区，无人机的飞行通常不能超过一定的高度限制，如120米或500米等。此外，无人机的飞行范围需要符合规定，不能超出特定的区域限制。如果无人机要跨越特定区域，需要向相关部门申请许可。其次，无人机的使用目的需要符合法规和政策的规定。在消防通信中，无人机的应用是为了协助消防员展开救援工作，因此需要遵守相关法规和政策。例如，在救援过程中，无人机不能侵犯他人的隐私权或人身安全，不能干扰其他飞行器的正常运行，等等。最后，隐私保护也是限制无人机技术在消防通信中应用的一个重要因素。在消防通信中，无人机可能会拍摄到一些个人的隐私信息，如人员的行动、装备的使用等。因此，需要采取措施保护个人隐私信息，如对拍摄的画面进行模糊处理，对无人机进行加密，等等。

为了克服法规和政策方面的限制，相关部门需要制定和完善相关法规和政策。首先，需要明确无人机的飞行高度和飞行范围等限制条件，以便更好地监管无人机的使用。其次，需要制定针对无人机技术的安全标准和规范，以确保无人机的安全使用。再次，需要加强相关法规和政策的宣传和执行力度，以便更好地规范无人机的使用行为。最后，针对隐私保护问题，相关部门也需要采取一定的措施。例如，可以制定针对无人机技术的隐私保护法规和政策，明确无人机的使用范围和目的，如何保护个人隐私信息，等等。此外，还可以通过技术手段对拍摄的画面进行模糊处理或加密等操作，以确保个人隐私信息不被泄露。

（3）未来应用前景。

随着科技的不断进步，无人机技术在消防通信中的应用将更加广泛和深入。未来，无人机可能会成为消防救援的重要力量，为救援工作提供更加高效、精准、安全的支持。首先，随着无人机技术的不断发展和完善，其续航能力、载荷能力、飞行速度等性能将会得到进一步提升，这将使无人机在消防通信中能够更好地承担救援任务，提高救援效率。其次，随着无人机技术的普及和应用，人们将会更加深入地了解无人机的优势和应用场景。未来，无人机可能会被广泛应用于各种消防救援场景中，如火灾现场的侦查、人员定位、物资运输等。最后，随着无人机技术与其他设备的兼容性和互操作性的逐步提高，无人机将能够更好地与其他设备及技术进行集成并协同工作，这将使救援工作更加高效、精准，从而提高救援效率，达到更好的救援效果。

（二）卫星通信技术

在社会经济快速发展的过程中，各类突发事件不断增加，且其对人们的生命财产安全造成了极大威胁。我国各级消防救援队伍一直在积极提升消防救援工作能力；同时，为应对各种灾害事故的发生，我国各地的综合应急救援力量也在不断增强。在这一背景下，卫星通信技术逐渐被应用于对各类自然灾害的应急救援：为消防救援队伍提供及时的信息支持，进一步提高消防管理水平和保障效率，提升综合应急反应能力和水平，提升消防救援工作效率和效果，也为社会经济发展提供良好的安全保障。

1. 卫星通信技术在消防救援中的应用优势

卫星通信技术的应用，能够提高消防救援工作效率和效果。首先，卫星通信技术能够在很大程度上提升应急救援效率和质量。其次，通过卫星通信技术，应急救援人员可以实现信息实时传输，避免了现场传输信息不及时、不准确等情况的发生。最后，卫星通信技术还可以提高信息传输的可靠性和安全性，避免了传统的非实时通信方式对现场情况造成的影响。由此可见，卫星通信技术在消防救援中的应用意义重大、优势明显。

2. 卫星通信技术在我国消防救援系统中的应用

卫星通信技术在我国消防救援系统中主要应用于以下几个方面。

（1）语音业务。

从我国卫星通信技术的发展现状来看，从最初单一的语音业务发展到现在的数据业务、互联网业务等多种类型，同时语音业务作为一项重要的内容已经成为卫星通信技术发展过程中重要的组成部分之一。在我国卫星通信系统中，语音业务是较为常见、应用最为广泛和成熟的一项业务，在消防救援中主要是通过卫星通信技术与地面系统实现连接，形成救援网络。

从实际应用来看，在我国消防救援过程中，通常会利用卫星通信系统中的无线数据终端对救援现场进行实时拍摄、记录和存储，并将其传输到地面调度指挥中心进行后续处理和分析计算。另外，由于不同地区和单位对无线数据终端的使用要求不尽相同，所以在具体应用时通常需要结合实际情况制定个性化需求方案。

在实际执行语音业务时，要做好各项准备工作，组织、救援人员要搭建起语音交流的桥梁，并与调度指挥中心取得联系。由于火灾现场地区的不确定性，有些地方距离调度指挥中心较远，网络信号较差，可能会对救援工作造成一定的影响，这种情况下可以通过卫星通信技术，把火灾和语音通信联系起来。这种互动方式，既能确保救援人员通话流畅，又能支持各种形式的通信，如移动卫星电话。从一定意义上来说，卫星通信技术在火灾救援中的运用，可以突破地理、空间的局限，提高灭火工作的效能。卫星语音信号产业可以与现场、后台语音一体化管理平台相结合，凸显移动语音通信和有线电话实时通信功能。

（2）视频业务。

视频业务主要是通过现场指挥的视频连线会议，对现场发生的事件进行直播，将灾难影响的数据和救援信息及时上报给上级，从而让指挥人员对现场的状况有一个直观的认知，便于指挥人员做出正确的决策。具体来说，通过视频业务可以将现场的情况以更加直观的方式展现出来。例如，当发生火灾时，如果火灾现场火势较大且情况紧急，采用传统的电话通信方式，救援人员可能会由于没有及时掌握现场的信息而错过最佳救火时间；而采用卫星通信技术后，能够通过卫星实时直播火灾现场。在实际操作过程中可以通过手机、平板电脑等设备进行移动直播。需要注意的是，在实际使用时，视频业务也存在一定的局限性，如在网络不稳定等情况下，指挥人员无法通过视频业务及时了解火灾现场的状况，此时卫星通信技术能够有效发挥支撑作用，其可以发挥卫星高带宽的优势，对视频图像进行饱和、清晰处理。在使用卫星移动站时，也可以与视频终端连接，将卫星信道连接到影像传送中，并利用该平台对影像进行分类，从而确保视频会议的有序进行。当然，在利用卫星进行通信时，也可以通过卫星通信将图像直接传送到接收端，以目前的科技手段，可以为现场的搜救工作提供更多的参考。

（3）移动式救援业务。

一旦发生消防灾害，往往会有多个区域的灾情，而且各地的灾情会有很大的差别，因此，在不同的救灾现场建立机动应急指挥中心是非常必要的。移动应急指挥部负责指挥现场抢险，及时反馈现场情况，并与调度指挥中心进行沟通。在这种情况下，可以通过卫星通信的方式，将紧急指挥车当成接收卫星信号的设备，这样就可以灵活地布置，方便开展救援工作。

在此过程中，卫星通信技术能够实现对通信系统的实时监控，确保救援工作能够顺利开展。在这种情况下，可以在消防救援现场设立监控点，通过移动指挥车的定位实现对卫星通信系统的控制。通过这种方式能够有效提高现场信息的传输速度，使调度指挥中心能够对不同灾情地区进行统一指挥；而消防救援人员在接到紧急调度命令后，也可以及时将移动指挥车安排到救灾现场,并携带卫星通信设备进行任务支援。火灾事故发生后会影响到卫星通信网络,为了确保卫星信号能够稳定有效地传输出去,必须保证紧急指挥车可以接收并传输信号。

(三)5G 通信技术

目前,我国正式迈入全新 5G 通信时代。5G 技术的应用具有广泛性,在多个行业领域均有贡献。在公共消防领域中,随着日常消防救援行动的深入开展,合理应用 5G 通信技术,能够促使传统救援工作模式朝着智能化、科技化的方向转变,促进消防救援工作的稳步发展。5G 通信技术的应用,可以保障救援行动中信息数据传递的畅通性,有效解决消防物资配置的滞后性问题。通过采用全方位保障形式,更好地完成消防救援工作,为公共消防领域实现全新突破提供助力。

1. 5G通信技术在消防救援工作中的应用优势

在各行各业的发展中,5G 通信技术的应用均表现出极大的优势,其属于第五代移动通信技术,也是新一代蜂窝通信技术发展的重要体现。在消防通信过程中,利用 5G 通信技术可以获得极大成效,促进信息传输效率不断提升,帮助消防部门完善装备和队伍建设,指导救援工作高效展开,满足消防救援工作的实施需求。

(1)全方位覆盖。

在消防救援工作中,视频监控的应用频率较高,并且会涉及传感设备的使用,因此在网络覆盖方面有着更高的要求。5G 通信技术具有网络密集型的特点,随着基站外天线数量的不断增加,系统运行具有更高的灵活性。由于系统有巨大容量,使得户外区域的各节点之间的信息交流效率有了很大的提高,同时能实现有效、准确传递信息的目的。在室内采用数字化室分方案,借助 5G 天线,扩大网络覆盖容量,从而提升网络连接能力。5G 通信技术具有强大的全网覆盖能力,运用于消防救援工作,能够提升网络信息传输效能,从而保障消防救援工作的及时性。

(2)高速网络传输。

5G通信技术可提升网络信息传输速率,并且具有高容量优势。5G用户可以享受极速网页浏览体验,大幅提升工作效率。在消防救援工作中,5G通信技术能够保证数据的有效传输,提高消防服务水平,减少网络建设费用,加快消防救援信息化建设的总体进度。

2. 消防救援工作中应用5G通信技术的措施

消防救援工作中应用5G通信技术的措施如下。

(1)构建远程火场救援系统。

5G通信技术不断升级和完善,消防部门在执行消防救援任务时,可以借助AR(增强现实)、VR(虚拟现实)等新兴技术,将现代化与智能化发展作为核心,构建全新的远程消防救援系统。在火场实地救援中,消防人员要正确操作VR设备,对火场综合实况进行整理,然后向指定对象传递。通过对这些新兴技术的科学操控,在火灾发生时,后方指挥区可以及时接收与火灾有关的信息,从而对火灾发生时的各种情况有一个全面的了解。

在制定救援方案时,要采取更为灵活的方式,对方案内容进行合理化调整,依据火场的动态变化趋势,由后方指挥协同推出战术部署,制定最佳应对措施,并利用5G技术及时传递给一线消防救援人员。为实现跨平台、多方合作的消防救援目标,消防人员应注重对5G技术的合规操作,避免沿用传统消防指挥亲临现场的模式,提升救援作战效率,保障人民群众的生命财产安全。运用5G技术,能够增强消防救援和医疗救援等工作的衔接,迅速形成两个工作通道,确保火场伤者能够被顺利转运并就医。以5G技术为媒介,将高清视频承接后,再与医院系统进行对接,使医院可以有更多的时间规划治疗方案,全面做好伤员抢救应急准备工作,以缩短救治伤员的时间。

（2）做到管理数据化与正规化。

首先，上线营房营区数字管理手段。在组建消防救援队伍时，为提升消防救援人员战斗能力，需要将日常培养作为先决条件。运用5G通信技术可以使营区管理逐渐具备智能化的特性，使管理更加便捷。例如，打造优越生活环境，提供优质生活模式，保障良好生活条件，等等。在供水、供电、供气和供暖过程中，全面做好智能检测工作。在设置空调智能开关、空气质量实时报警系统时，能够为消防救援人员日常生活的舒适、健康等提供有力保障。

其次，随着数字管理系统逐步运用于人员管理，消防部门能够更好地掌握人员的实际情况。采用电子存档的方法，可以做到"一键查看"，便于管控工作更好地展开。对于我国最新研发的北斗卫星定位系统，在搭配5G通信技术共同使用时，随着管理工作的深入开展，作用于人员、车辆、物资等多个方面，能够实现科学化、数字化、统筹化等管理目标。例如，视频监控会议系统是全国消防部门通信技术管理的重要手段，通过该监测体系的运作，能够较好地掌握在岗人员的状态，如进出人员登记、车辆控制等。

最后，采用数字化岗哨和营区监控系统，对人员的出营、入营等进行登记，利用5G通信网络进行人员的整体管理。通过将北斗车载定位系统与消防队员请假系统、销假系统一起使用，以工作人员的日常休假、请假以及行政车的外出使用情况为依据，采用网络实时管理的方式，使统筹管理模式逐步具备科学化、数字化的优势。

（3）加大救援作战装备资源投入力度。

5G通信技术具备独特优势。在消防装备、消防设施等位置，选择恰当的区域增设传感器装置，使联网具有长时间、不间断等特性。在辖区内，使消防设备实现互联互通，对当下的消防设施资源进行全面整合，形成更为便利的运用条件，利于实现对消防队伍的集中管理，并保证消防设施管理的统一性。在消防救援行动中,顺利调取人员、设施等多方面的资源,可以有效增强消防装备的应用实效。例如,在消防车辆油箱、水箱、发动机等位置增设传感器、操作设备终端,使用人员能够实时掌握车辆养护信息、车辆运转信息、剩余油量、发动机温度、出水口压力、水泵压力等信息。上述几类消防设施相关数据信息具有动态、静态等多种形式,通过深度分析,可以成为火场救援行动科学的决策依据,便于消防人员灵活部署,有效提升灭火救援工作效率。

(4) 做到全程监控,促进防消结合。

数据传输是 5G 通信技术在运用时的最大优势。

在防火方面,要求消防部门做好数据监控作业,并且在监控过程中保持不间断。对于 5G 通信技术的数据传输功能以及消防部门的数据监控工作,应保障两者能够实现完美结合。借助 5G 通信技术以及最新研发的预警装置,可以实现 24 小时数据监测。

在偏远地区或者山区等地方,如果存在信号覆盖强度较弱的区域,可以与卫星通信或公网监控系统连接,有利于数据的全程传输,使监控设备始终保持在线状态。这时,消防部门就可以对设备安装所在区域的设备数据进行实时监控,一旦数据达到阈值,会立即启动应急预案,通过提前掌握火灾发生的可能性,形成有效的防范措施,减少火灾造成的损失。

目前,对于全国数据记录工作而言,需要运用大数据包做好整理、分析等工作。由于涉及体量庞大的数据信息,所以对数据处理和传输能力提出了更高的要求;而 5G 通信技术的应用,恰恰能够满足上述需求。以火灾发生信息为基础,利用 5G 通信技术对其进行采集,从而确定全天某一时段内容易引发火灾的区间,并对火灾发生较多的区域进行识别,进而对容易产生火灾的天气进行分析。当上述信息筛选完毕之后,就可以对高危地区、单位或气候条件提前做出防范和预警。

3. 5G通信技术在消防救援工作不同层面的应用

5G通信技术在消防救援工作的不同层面有以下应用。

（1）技术层面。

就5G通信技术来说，在技术水平上，将其应用到抢险救灾工作中，能够推动抢险救灾向实战转化。在提供客观、科学的决策依据的同时，还可以引导消防救援工作有序进行。得到更高的视频传输画质，便于判定合理的救援方案。利用5G专网将单兵图传、车载图传、各类视频传输和布控球进行融合，提高作战指令的传输效率。

5G通信技术的应用，能够加快数据传输的速率。5G公网集群的总覆盖范围更广，相对于电台来说，5G有着显著的优势，能够在实际消防救援工作中保证各级指挥人员之间的有效交流，确保通信畅通，从而实现上下联动的目标，提升灭火救援工作效率。

一方面，在车辆部署阶段，将5G通信技术与北斗卫星定位系统结合，使整体部署具有高效化的特性，能够获得精准的车辆定位。根据对周边水源位置和存量的实时掌控，保障作战力量安排的合理性，及时对车辆队形做出合理调整。另一方面，实现防护装备实战化。在运用5G通信技术时，与耐高温、夜视等先进技术有机结合，可以对现场伤员的生命体征进行实时监测；还可以应用于事故发生现场，形成对有毒气体浓度的监测。根据场内的真实状态，由管理人员和指挥人员及时进行研判，便于更好地应对突发性的危险事件。

（2）人才层面。

随着新兴技术的深入发展，5G通信技术作为其中的关键组成部分，运用于消防救援工作中，可以促使消防督察模式发生转变，使其逐渐具有可视化、信息化的特征。

在救援工作中，可以实现转播同步的目标。在做好全方位督察工作时，主要针对救援队伍建设、救援队伍管理、日常执勤战备、违规现象等，确保通信设备做到全覆盖。

从人才层面分析 5G 通信技术的应用优势，主要在于其能够强化消防救援队伍建设。管理部门和相关人员不断运用 5G 通信技术完善业务模式，可以促进实战指挥管理工作的顺利展开，加大对个人无线通信设备的开发力度。

以 5G 网络为主要支撑，能够有效防止人工判断失误的发生，减轻巡逻人员的工作压力。通过对消防执法工作进行监督，并形成全方位的预警，可以使救援力量掌握主动权，帮助建立火灾预防和预警机制，从而提高消防执法效率。一旦有紧急情况发生，能够保障消防救援工作有效开展，保证救援环节的安全。

（3）制度层面。

从制度层面探讨 5G 通信技术的应用，将其运用于消防远程监控系统，使该系统的建设更为完善，所构建的远程救援体系具有智能化、高效化、集成化的特点。

在 5G 通信技术的支持下，可以实现现实技术与虚拟现实技术的结合。例如，将虚拟现实的智慧眼镜与虚拟现实的影像装置相结合，可以将高清图像传送到各个级别的指挥中心。在指挥中心，工作人员能够清楚地看到火灾现场的状况，帮助后方指挥员跨越平台，实现协同操作。指令发出后，营救人员可以立即接收到，并就最佳营救策略达成一致。通过对火情的实时掌握，使抢险人员能够合理调整灭火计划，从而提高抢险工作的效率。

二、消防通信技术的发展趋势

（一）移动通信指挥中心的功能性

随着应用体系的逐步完善，指挥中心的功能性也逐步多元化，尤其是在实际应用过程中出现的问题，必将为消防通信指挥中心提供一个导向，每一次问题的解决都是自身经验的积累，从而助力提升指挥中心的工作效率，改变原有消防通信体系工作质量差、工作效率较低等状况。

（二）数据的共享

消防通信技术在应用的过程中，相关技术部门会构建一个完善的信息技术平台，在这个平台中可以实现信息的实时传输，众多消防部门在此平台上传输自身的工作经验。这种信息共享技术的出现，使得消防通信技术的工作效率大幅提升，提高了工作质量，避免了后期出现各种工作质量问题。工作人员可以在这个数据平台上及时更新数据信息，并且对消防数据进行精准化传输。

（三）构建完善的消防模拟训练系统

对于消防工作来说，工作人员自身的消防意识极为重要，所以要构建一个完善的消防模拟系统，可以从外部聘请专职或兼职人才，再配合消防人员进行消防工作的训练。由于近年来消防系统的优化水平不断提升，对消防救援人员的技术要求也在不断提高，而消防模拟训练系统能够为技术人员提供一个仿真的火场救援环境，如此技术人员就能够根据实际情况选择适宜的解决方案，彻底地根除该类问题。

消防通信技术对于我国的消防体系构建有着至关重要的作用，它不仅能够帮助消防救援部门制定一个完善的火灾处置制度，大幅提升工作效率，还能够在各类事故处置中随时打造一支高素质、高水平且联系紧密的管理团队，进一步提高消防救援队伍应对各类火灾和抢险救援工作的能力。

第三节　消防通信保障

一段时间内，我国火灾事故和自然灾害频发，消防救援队伍在实际开展救援工作时会面临诸多难题。目前，消防救援机构一项极其重要的任务就是，提高消防救援效率，保障人民群众的生命财产安全。因此，消防救援机构需要在救援过程中建设较为完善的通信保障体系，以此来实现对消防救援队伍及重要资源的协调和分配。通过提高救援数据的准确性，优化消防救援队伍的通信保障体系，同时保障救援工作的顺利实施。

一、灾害事故现场消防通信中存在的问题

（一）通信信道堵塞

当灾害事故发生时，人们迫切地需要和外界进行信息传递，无论是受灾群众还是消防救援人员，都有向外界传递信息的迫切需求。在短时间内迅通信流量速增加，会堵塞通信信道，导致通信体系超负荷运行，使得短时间内的信息通信量明显增加，这样一来就容易出现服务器超载的情况，由此导致灾害事故现场的通信信号混乱，引起通信阻塞、通信

不畅等问题，使信息无法第一时间进行传输。

（二）协同通信困难

在灾害事故现场的灾害处理过程中所涉及的参战单位较多，会形成消防、应急、医疗、防疫、公安、水利、民政等多部门同时参与应急救援行动的情况，不同队伍之间的协同通信困难，极易导致救援工作陷入混乱，大大降低救援效率。

（三）通信基础设备损坏

自然灾害事故的破坏性极强，在城市环境中，地下光缆和无线通信设备都会在灾害的影响下受到物理性损坏，从而出现大面积的通信系统瘫痪，导致受灾地区救援单位现场指挥部无法获取灾害现场的准确信息；消防通信设备也无法正常使用，灾害现场信息不能及时有效地传送至后方指挥部，容易导致前后方通信脱节，影响现场救援工作的有序开展。

二、灾害事故现场消防通信难点和要求

（一）灾害事故时间和地点的不确定性

大多数灾害事故主要表现为，无法提前预知灾害发生的时间、地点及类型，而灾害事故一旦发生，就要求救援队伍在最短的时间内进行处置，消防通信的快速反应是实施有效救援的重要保障。在突发火灾或救援事件时，尤其是一些重特大灾害事故，现场往往人数比较多，且会综合涉及各个部门以及各层级指挥调度与通信联络部门，在较短的时间内话务量或信息量激增，同时通信容量会翻倍增长，严重的还会出现电力中断的情况。

（二）应急通信需求的可变性

在灾害事故救援过程中会遇到各种复杂的情况，救援行动的开展与通信保障密不可分，多数灾害事故的现场救援不仅需要消防救援队伍出动，还需要医疗、防疫、公安、水利、民政等多部门协同参与。发生大型灾害或安全事件后，单纯的语音需求会转变成对现场视频和图像回传的需求，这种沟通需求往往是随机发生的，规模无法预测和分析。应急通信中除语音通信外，还需要视频传输及其所对应的数据，具体涉及辅助决策、工作协同、通信调度、移动办公、信息采集、语音图像传输等许多子系统，以辅助指挥机构快速掌握灾害事故现场的实际情况，并做出科学决策。部分区域跨度大、距离长的重特大灾害事故，一定会涉及多种通信业务、通信网络、通信设备等，且设备的复杂性越高，业务越多元化，应急通信的难度也就越大。对于应急通信保障救援工作来说，不仅要保证灭火救援战斗中指挥员及战斗人员的通信指挥畅通，也要求将救援现场的实际情况完整地传递给各个指挥及决策部门，而此过程恰恰很难准确地估算通信容量需求。

（三）灾害事故现场应急通信的持续性

有些灾害事故发生，由于地质地貌变化的影响，救援工作往往很难开展。为了提高救援效率和救援水平，要求通信信号有较强的稳定性和持续性，通过快速、稳定、正确的信息传递，使救援人员第一时间了解救援现场的情况，进而做出正确的反应。大型灾害事故现场应急救援行动往往需要增派更多的消防队伍，通过在区域间消防队伍中构建密闭的沟通网络，确保增派的消防力量能够快速、准确地到达灾害事故救援现场，从而保证灾害事故救援行动能够顺利进行。

三、消防救援通信保障体系建设的重要性

（一）符合消防队伍建设需求

当严重灾害事故发生时，人民群众的生命财产安全将面临巨大威胁，此时消防救援队伍必须第一时间赶到现场进行救援。救援工作本身对消防救援人员的反应能力、救援水平等方面有着很高的要求。当灾害事故发生时，主要是依靠消防救援队伍来执行营救工作。在实际救援过程中，必须严格遵守国家有关机构的规定。如果救援过程中出现紧急情况，救援人员需要充分发挥自身能力，迅速做出反应，制订救援计划，并全力执行。一个健全的消防救援通信保障体系能够帮助消防救援指挥部有效了解和把握现场的具体状况，进而制定科学合理的救援方案，尽可能地减少国家和群众的损失。健全的消防救援通信保障体系与当前消防救援队伍的建设需求相适应，不仅能够保证救援人员迅速做出响应，而且能够显著提升消防救援队伍的整体实力。

（二）符合消防通信保障体系需求

只有在出现重大的突发灾害事故时，消防应急救援通信体系才会被激活。近年来，在世界范围内，由于恐怖袭击、自然灾害引发的爆炸、水灾和火灾等灾害频繁发生，给公众的生命财产安全带来了巨大损失。当出现较大的灾害事故时，通信系统会受到一定程度的损坏，灾害事故的严重性直接决定了通信系统的损坏程度。严重情况下，还会造成通信系统瘫痪。此外，在消防救援过程中，如果通信系统存在超负荷运行的情况，也可能会导致通信系统频繁发生故障。

有较大灾害事故发生时，消防救援队伍会及时到达事故现场，通过多种通信手段向指挥中心报告事故详情，指挥中心收到报告后应立即采

取行动，并发出正确指令。

在消防救援过程中，如果出现通信不畅通的情况，必然会对消防救援工作的开展造成较大阻碍，进而对救援工作的效率和进度造成影响；而健全的消防救援通信保障体系不仅能够确保消防救援通信系统高效、快速、平稳运行，有效提高救援效率和救援水平，还能够减少不必要的损失，同时减少资源损耗。

四、当前消防救援通信保障体系建设中存在的问题

（一）通信技术水平不足

我国的消防救援通信系统建设，存在人员短缺和整体素质较低等问题。在缺乏通信机构的情况下，通信技术工作人员通常不会开展值班工作。目前，我国虽有消防救援通信管理方面的专门课程，但这些课程只是对通信基础理论的阐述，缺少在工作中的实践性学习，救援人员无法获得充分的实践机会。在日常培训中，由于缺少专门的管理人员，专业的技能培训相对不足，这就造成消防救援通信保障体系在实践中的运用不够，使消防救援工作中很多救援设备无法充分发挥作用。另外，在消防救援队伍中，工作人员具有较高的流动性。工作人员和工作岗位发生变化，往往会导致通信器材因保养和维护不当而受损，从而对救援行动中通信装置的正常使用造成一定影响。

（二）应急通信方法落后

目前，新型设备不断出现，消防救援通信手段也随之升级；然而，就当前实际情况来看，与之配套的消防通信系统仍然十分欠缺。由于部分地区的消防通信设施相对滞后，通信范围有限，降低了消防救援队伍协同作战的效能。在通信设备实际应用中，可能由于缺乏维护和保养而

影响了设备的正常运行。在应急救援工作开展过程中，主要通过救援系统和有线通信来实现信息传输，目前无法独立完成救援通信工作。在实际部署工作中，通信设施的很多功能都存在差异，其中"三位一体"的安全体系对应急通信系统的应用严重不足，特别是在灾害事故现场通信中，通信信号的覆盖面较窄，难以获得更多的通信情报。另外，很多设备不具备影像传输、人员定位及事故位置定位等功能，阻碍了消防救援队伍救援工作的开展，从而无法高效地完成搜救工作。

（三）人才培养体系落后

我国消防救援服务系统的工作人员数量严重不足，工作人员的技术和业务水平普遍不高，职业素养也需要不断提升。对消防救援人员而言，培训时若无针对性指导，则无法达到实战演练的目的。除此之外，对通信设备进行维护保养的工作人员来讲，如果缺乏专业能力，就会导致设备无法正常使用，从而严重影响救援任务的执行。

（四）消防应急通信指挥机制不够完善

近年来，我国应急通信指挥系统面临严峻挑战。从实际工作可以看出，当前的消防应急通信指挥存在分工不够明确以及管理层次混乱的问题。在消防救援实践中，灾害的早期预警与等级化管理无法充分发挥作用。另外，我国城市灾害突发事件预案编制与实施体系还不健全。消防情报收集主要依靠消防救援人员自身来进行，结果往往是事倍功半，而且所收集到的情报不够完整。此时的应急通信指挥系统无法高效开展信息收集和信息处理工作，指挥人员无法明确发出指令。在应急通信指挥系统中，无法合理开展指令分步发送和接收，导致救援现场混乱的局面。在这种情况下，现场的救援人员无法贯彻执行有关指令，从而严重降低了救援效率，影响了救援效果。

五、消防救援通信保障体系建设策略

（一）加强智能数字应急通信应用

消防事故发生后，消防救援部门的工作人员必须加强对事故现场处置工作的指导，提高事故现场处置的科学性和有效性，在此基础上构建完善的消防救援通信系统，使消防救援通信系统具有可视化、智能化和现代化的特点。通过智能化信息平台以及影像与语音的传送，可以有效提升消防救援通信水平。在消防救援通信保障体系中，要大力发展公用网络传输方式，主要包括卫星和公用电台等；通过各种先进的个性化图像传递通信方式，做好音视频保护工作，保证救援过程中语音和视频的有效通信。由于自然灾害和安全事故可能导致公共网络无法正常运行，此时可以第一时间应用卫星通信、音视频传输、北斗有源终端等先进技术，为现场救援工作提供通信技术保障，并建设较为完善的数据传输网络和中继站。与此同时，要充分应用物联网、移动互联网、云计算等新技术，对相关信息和数据进行收集、分析和研究，从而有效保障应急救援的指挥和决策水平。

（二）制定科学应急救援通信方案

自然灾害和突发事故无法提前预知，所以应急救援部门在实际工作中必须制定一套科学完善的应急救援方案，以免在出现突发事故时，由于救援工作仓促，对救援效果造成影响。在救援过程中，消防救援机构应根据事故当前的处理级别，制订救援计划。在制定应急救援方案时，应明确各项任务，从而实现对救援工作和救援责任的高效分配，使整体救援计划更加详尽和完整，并具备一定的可操作性，以此来应对紧急情况下的通信组织，优化指挥流程，确保每一个参加救援的单位都能根据计划明确自身的任务和责任；详细划分救援范围和工作任务，使用统一的应急通信方法，确保各个部门之间能够顺畅沟通和交流。在消防救援过程中，应确保指挥部门的指令和决策正确传达到救援现场，并保证应急公路及应急物资运输畅通，防止在应急物资运输过程中发生各种交通事故。

（三）更新通信设备

为了保障消防救援工作的顺利进行，消防队伍必须按照通信设备的需求，适时更新和定期维修急救通信设备，确保消防队伍在突发事件处置中发挥出较强的反应功能，满足通信工作在紧急情况下的通信需求，从而提高消防救援工作的整体效率。按照国家的需要，统筹建设全市的应急通信系统与地质灾害救援通信系统。针对相关救援机构的实际需求，购置与现有救援通信设施相匹配的装备，有效开展消防救援工作，从而达到提升整体救援水平的目的。

（四）完善消防救援通信保障制度

强大的消防救援通信保障体系能够让消防救援队伍得到精确的通信信息，同时对消防救援行动进行监督与规范，从而大幅提升救援工作的品质与效率。要强化救援队伍的配合，从而为实施高层次、高水平的救援工作奠定基础。

为此，必须加强对应急通信系统的建设，针对各种应急事件，建立科学的应急通信系统。要保证在出现意外情况时，能够与各级消防救援机构及有关救援管理部门及时、高效地联系，从而保障救援调度指挥工作顺利进行。此外，消防救援通信工作应根据当地实际情况进行各项专项训练，以提升消防救援队伍的整体素质。健全监管体系，派遣专门的工作人员，进行 24 小时持续通信维护；将应急救援通信人员分成多个应急保障小组，对通信装备进行操作与管理，以确保通信装置在任何时候都能正常工作。

此外，各地救援部门要对工作人员进行思想培训，统一思想，提高认识，使其深刻理解指挥中心和通信工作的重要性，提高其整体素质；将应急救援通信体系建设作为发展重点，与其他部门合作开展救援工作，切实提升应急救援效率，为稳定经济社会发展大局、确保人民群众生命财产安全提供有力保障。

5

第五章

消防指挥调度

第一节 大数据的作用及影响

大数据的发展，对各领域产生了巨大影响。利用计算机技术，能够全面提升信息资源管理水平与效率。扩大计算机技术的应用范围，使其在各领域中充分发挥作用，释放价值。在消防领域，可利用大数据不断提升消防指挥调度效能。对大数据的功能、特点与消防指挥调动工作内容进行综合分析，进而完善消防指挥调度体系与管理制度，使消防指挥调度体系与管理制度全面落实到各项工作环节中，确保各项工作严格按照相关标准制度实施，从而提升消防指挥调动效能。

一、大数据对提升消防指挥调度效能的影响

大数据包含多种数据处理功能，而各类功能的应用，都不是常规软件所能代替的。大数据处理功能，不仅可以在规定的时间内对信息数据进行采集、整理、储存等，而且可以确保信息资源的准确性与完整性。大数据被广泛应用在各个领域中，主要是由于其自身的特点与优势，这些特点与优势主要包括：数据体量大，数据处理速度快，数据真实性高，数据类别多。大数据在消防指挥调度系统中的应用，能够按照消防指挥调度工作的内容与需求进行全面分析：首先，对于现代化消防指挥调度系统建设，无论是信息技术的应用，还是电子技术的应用，都可以为消防指挥调度效能的提升提供有利条件，为我国现代化社会的可持续发展

奠定良好基础。在消防指挥调度工作开展与实施的过程中，要对所有类型的信息数据进行整合与统一管理，加大对信息资源的探究力度，挖掘信息资源更大的应用价值。其次，在大数据时代背景下，可针对消防调度指挥工作制定完善的方案与策略，从而为制订消防救援计划提供重要信息依据，有力保障人民的生命安全与财产安全，推动我国消防事业的可持续发展。

二、大数据背景下消防指挥调度工作相关问题

（一）决策分析能力不够

结合目前消防指挥调度工作实施情况来看，在大数据背景下，虽然可以利用大数据的优势对各类信息数据做出分析，对警情研判起到良好的作用，但是在后期工作中，还展现出信息数据利用不足的问题。仅有对大数据的应用、对信息数据的分析，但是没有对各类信息数据的价值进行分层挖掘，没有明确的分析主题，使各类信息数据在消防指挥调度工作中随意交换、应用，造成一些信息资源的浪费。例如，对火灾起数、类型、火灾形势、地区自然条件、城市经济水平等关系分析，没有全方位、多层次地去分析，使消防指挥调度工作中的信息数据价值未充分发挥出来，也就出现了决策分析能力不足的问题。如果忽视对此问题的分析与解决，会对消防指挥调度工作效能的提升产生不利影响。

（二）缺乏完善的联动机制

在消防指挥调度工作中，联动机制对各项工作的开展与实施有一定的影响。结合目前消防指挥调度工作实施情况进行分析，所具备的联动机制还有待完善。一方面，需要采集消防队伍日常监控、预警、报警等所产生的相关信息数据，但是信息数据的种类不同，所涉及业务部门、

级别层次比较多，负责信息数据采集的工作人员自身专业水平与综合能力不足，人员频繁流动，使信息数据的采集工作质量不佳，甚至出现信息数据混乱、不准确等问题；另一方面，各部门的管理系统是分散的、独立的，信息数据的传输与共享不及时，各部门之间的协作配合有待进一步提升。

（三）指挥体系实施力度不足

近年来，随着应急救援综合指挥调度系统、灭火救援指挥调度系统等业务的开展与实施，对大数据的正确应用，积累了丰富的信息数据资源，对各项工作产生了巨大的影响；但是在对各类信息数据资源进行实际应用的过程中，还是会受到信息数据分布分散的影响，使大数据的优势逐渐发展为"简单化的计算机"——只是对一些信息数据资源的搜集、储存与应用，缺乏实战推演与作战编程，不具备一键式调派、模块式出警等功能，使火警实战调派中依然会发生指挥员临时、随机处置等情况，严重影响了消防指挥调度工作的质量，阻碍与影响了消防指挥调度效能的提升。

三、大数据背景下提升消防指挥调度效能的策略

（一）科学处理信息数据，扩大应用范围

信息化时代的发展，扩大了信息化技术的应用范围。信息化技术适合应用在各领域的发展中，各领域可根据自身的发展需求对相关信息数据进行科学处理与分析。在消防领域，信息化技术对消防系统作战能力的提升具有重要的指导作用。对此，消防事业单位要提高重视程度，加大对信息化技术的应用力度，做好对各类信息数据的搜集、整理、储存等工作，发挥大数据的应用价值，把所搜集到的信息数据进行科学分析，

转化为指挥消防调度信息，为消防事业单位的重大决策提供重要的信息依据。与此同时，利用大数据的处理与分析功能，可发现消防救援方案所存在的问题与不足，帮助相关工作人员有针对性地进行分析，明确引发问题的具体原因，从而采取科学措施有效解决问题，避免对消防指挥调度效能的不利影响，突出大数据的优势与价值。

（二）建设资源共享平台，提高资源利用率

对大数据的应用，主要还是对信息资源共享平台的建设，确保各项工作都在系统内开展与实施。可以把各项信息资源都记录、储存到信息资源管理平台中，各部门及人员会根据工作需求对相关信息数据进行查找与应用，从而降低各项工作的实施难度。资源共享平台建设的主要目的，就是对信息资源的共享应用。首先是对消防部门各项业务进行综合分析，把所有信息数据进行分类储存与管理，加大软件开发力度，如物联网系统、视频监控系统等，帮助消防部门及工作人员在信息数据共享应用的过程中提高各项工作的效率与质量。资源共享平台建设，对相关工作人员的专业技术水平与综合能力提出了更高的要求。消防部门应结合消防指挥调度工作内容与要求，制定完善的管理制度，并加大对管理制度的实施力度，使其应用到各个工作环节中；对各项工作进行合理化的管理与约束，提高相关工作人员的责任意识，尤其是对信息数据的录入，要确保信息数据的完整性、准确性，有效避免人为因素对信息资源准确性的影响，进一步提高消防指挥调度效能。

（三）提高应急联动重视程度，降低经济损失

在大数据时代背景下，为促进我国消防事业单位的稳定发展，还需要我国政府及相关部门提高重视程度，结合消防指挥调度工作需求，为其提供帮助。加大消防队、微型消防站的建设力度，若有充足的建设资

源，可通过引进现代化通信网络、设备，扩大网络覆盖范围，不断扩大通信网络系统的应用领域，为微型消防站与专职消防作战指挥系统提供有利条件。例如：在日常生活中，引发火灾事故的影响因素比较多，并且具有不确定性，需要消防部门及时进行现场救援，到达现场后，各方人员根据个人的工作岗位与内容迅速参与到火灾救援中；其他辅助消防作战单位，通过通信网络系统了解到火灾位置与严重情况，应及时制定辅助消防作战方案，为火灾现场的救援提供更好的帮助。提高应急联动重视程度，增强消防指挥调度力量，从而在最短的时间内高效率地完成火灾扑救工作，确保人民群众的生命安全与财产安全，减少各种经济损失。

（四）建设智能分析匹配系统，提高综合作战能力

加大对智能匹配系统的建设力度，以满足消防业务基本要求为基础，创新一键式调派、模块化调度功能，提高消防指挥调度工作效率，助力现代化社会的稳定发展。对智能分析匹配系统的建设，首先要考虑各类型预案设计与力量调度等级，促进各项业务工作融合发展。在融合的过程中及时发现各项工作需要改进与提升的地方，确保各项工作充分发挥其重要作用与价值。例如，获取灾情警报相关信息数据，可以采用手动输入方式与自定义输入方式的对比分析方法，确保调配灭火力量的科学性，并对手动输入方式不断优化，促进其智能化发展。其次是对消防作战人员编制模块化的建设。在建设的过程中，需要对各项工作及人员的实际情况进行全面分析，引进定位系统、生命体征传输系统等先进装备，可有效缩短救援时间，提高综合作战能力。

四、面向大数据的智能消防指挥调度系统

随着大数据时代的到来，数据已经成为推动社会进步和发展的重要资源。在消防领域，大数据技术的广泛应用给消防指挥调度工作带来了新的机遇和挑战。面向大数据的智能消防指挥调度系统，就是将大数据技术与消防指挥调度工作相结合，通过数据采集、处理和分析，提高消防指挥调度的效率和准确性，为城市安全提供有力保障。

（一）建立智能消防指挥调度系统的必要性

建立智能消防指挥调度系统，在提高火灾应对效率、强化指挥调度能力、提升灭火救援效能以及促进消防信息化建设等方面具有重要意义。

1. 提高火灾应对效率

传统的火灾应对方式往往存在信息传递不及时、不准确等问题，导致消防人员应对火灾效率低下；而智能消防指挥调度系统可以通过各种传感器、摄像头等设备实时监测火灾现场，一旦发现火情，可以迅速报警并启动应急救援预案，不仅可以提高火灾应对效率，还可以减少火灾造成的损失。

2. 强化指挥调度能力

智能消防指挥调度系统可以通过大数据技术对火灾现场的数据进行分析和处理，从中提取有用的信息，并根据火情的变化和救援力量的分布情况制定最优的救援方案，不仅能提高指挥调度的科学性和准确性，还能强化指挥调度能力，为指挥员提供更加全面、准确的信息支持。

3. 提升灭火救援效能

智能消防指挥调度系统可以通过实时监测火灾现场的情况，及时调整救援方案和灭火策略，提高灭火救援效能；同时，该系统可以通过各

种通信手段及时传递火情信息以及救援进展情况等信息，让指挥员和救援人员了解现场情况，做出正确的决策。这样不仅可以提高灭火救援效能，还可以减少人员伤亡和财产损失。

4. 促进消防信息化建设

智能消防指挥调度系统的建立可以推动消防信息化建设，提高消防工作的效率和准确性，为相关领域提供有益的参考和启示。此外，该系统可以与各种消防设备、系统进行集成，实现信息共享和协同作战，提高整体作战能力。

（二）智能消防指挥调度系统的架构

智能消防指挥调度系统是现代消防领域的重要组成部分，它通过集成先进的技术和设备，实现对火灾的快速响应、有效控制以及救援工作的高效调配。该系统架构主要包括感知层、网络层、数据层、应用层和展现层五个主要方面。智能消防指挥调度系统将这五个主要方面紧密结合，实现了对火灾的快速响应、有效控制以及救援工作的高效调配。

1. 感知层

感知层是智能消防指挥调度系统的底层，主要负责采集火灾现场的各种数据。该层包括各种传感器、摄像头等设备，可以实时监测火灾现场的温度、烟雾浓度、火势等情况，并将数据传输到网络层。

2. 网络层

网络层是连接感知层和应用层的桥梁，主要负责数据传输和通信。该层通过无线网络或有线网络将感知层采集的数据传输到数据中心，同时接收应用层的指令和数据，实现信息共享和协同作战。

3. 数据层

数据层是智能消防指挥调度系统的核心，主要负责数据的存储和处理。该层通过大数据技术对采集到的数据进行清洗、整理和分析，从中提取有用的信息，为应用层提供决策支持。

4. 应用层

应用层是智能消防指挥调度系统的顶层，主要负责实现各种应用功能，包括火情预测、救援方案制定、资源调度、人员管理等功能，通过人工智能技术为指挥员提供全面的信息和决策支持。

5. 展现层

展现层是智能消防指挥调度系统与用户交互的界面，主要负责将应用层的数据和信息以图形化、可视化的方式展示给用户。该层包括大屏幕显示、移动终端显示等方式，可以让指挥员和救援人员直观地了解火灾现场的情况和救援进展情况。

（三）建立智能消防指挥调度系统的可行性分析

随着社会的不断发展，建立智能消防指挥调度系统在经济、社会、技术等方面都具有了一定的可行性。

1. 经济可行性

建立智能消防指挥调度系统需要投入一定的资金和人力成本，但相对于火灾造成的人员伤亡和经济损失而言，这些投入是值得的。此外，随着系统的不断升级和完善，其经济效益将逐渐显现。因此，从经济角度来看，建立智能消防指挥调度系统是可行的。

2. 社会可行性

智能消防指挥调度系统的建立可以大大提高消防指挥调度的效率和准确性，减少火灾造成的人员伤亡和经济损失。这对于保障城市安全、提高居民生活质量具有重要意义；同时，该系统的应用可以为相关领域提供有益的参考和启示，推动消防工作的信息化和智能化发展。因此，从社会角度来看，建立智能消防指挥调度系统是可行的。

3. 技术可行性

随着科技的进步，大数据技术、人工智能技术、物联网技术等先进技术，为智能消防指挥调度系统的建立提供了有力的技术支持。这些技术可以帮助实现对火灾现场数据的采集、处理和分析，为指挥调度提供科学、准确的决策依据；同时，这些技术的应用也日益成熟，为系统的稳定性和可靠性提供了保障。

（四）面向大数据的智能消防指挥调度系统的关键技术

面向大数据的智能消防指挥调度系统的关键技术包括数据采集技术、大数据存储和处理技术、智能决策技术、安全性技术及可视化技术等。这些技术的运用可以提高系统的智能化水平和应对能力，为消防救援工作提供有力支持和保障。

1. 数据采集技术

数据采集技术是智能消防指挥调度系统的关键组成部分，其主要目标是准确、快速地从各种来源获取数据，为系统提供全面、实时的数据支持。首先，数据采集技术需要具备强大的数据获取能力，包括从各种传感器、监控设备、火灾报警系统等来源获取数据。为了实现这一目标，数据采集技术需要设计出能够与各种设备进行通信和数据交换的接口，确保数据的准确性和完整性。其次，数据采集技术需要具备实时性。在火灾救援工作中，时间就是生命，因此数据采集技术必须能够快速地获取并处理数据，以便系统及时做出反应。这就需要采用高效的数据传输和处理技术，如分布式计算框架和实时数据库等，以确保数据的实时性。最后，数据采集技术需要具备可靠性。由于消防救援工作的重要性，数据采集技术需要确保数据的准确性和完整性，避免因数据错误或丢失而影响救援工作的进行。为了实现可靠性，数据采集技术需要采用多种备份和恢复策略，如数据冗余、容错机制等，以确保数据传输的可靠性和稳定性。

2. 大数据存储和处理技术

大数据存储和处理技术是面向大数据的智能消防指挥调度系统的核心组件之一。该技术主要负责对海量数据高效、稳定地进行存储和处理，以满足系统对数据存储和处理的需求。首先，大数据存储技术需要具备高效、稳定的数据存储能力。其中包括设计出能够支持海量数据存储的分布式文件系统或数据库，确保数据存储的可靠性和稳定性；同时，需要采用数据压缩、数据备份等技术，以减少存储空间和数据传输的开销。其次，大数据处理技术需要具备高效、实时的数据处理能力。其中包括采用分布式计算框架和数据处理算法，对海量数据高效地进行处理和分析。为了实现这一目标，大数据处理技术需要设计出能够处理大规模数据的并行计算模型，并且优化数据处理算法和流程，提高数据处理效率。最后，大数据存储和处理技术需要具备可扩展性和灵活性。随着数据量的不断增加以及系统需求的不断变化，大数据存储和处理技术需要能够灵活地扩展和调整，以适应不断变化的数据处理需求。这就需要采用可扩展的分布式架构和模块化设计，以便根据需要进行扩展和调整。

3. 智能决策技术

智能决策技术是指利用多种智能技术和工具，通过对海量数据进行建模、分析和挖掘，为决策者提供最优决策方案的一种决策技术。

在智能消防指挥调度系统中，智能决策技术发挥着至关重要的作用。首先，智能决策技术需要对海量数据进行建模和分析。其中包括对火灾数据、救援数据、人员数据等进行建模和分析，以提取出有价值的信息和知识。通过采用先进的机器学习算法和数据挖掘技术，智能决策技术能够自动化地完成数据的处理和分析过程，提高决策的准确性和效率。其次，智能决策技术需要基于既定目标进行决策。这就需要明确决策的目标和约束条件，然后通过优化算法与模型对数据进行处理和分析，以得到最优的决策方案。智能决策技术能够综合考虑多种因素，如策略、偏好、不确定性等，自动实现最优决策，为消防救援工作提供更好的支持和保障。最后，智能决策技术需要具备可扩展性和灵活性。随着数据量的不断增加以及系统需求的不断变化，智能决策技术需要能够灵活地扩展和调整，以适应不断变化的数据处理和分析需求。这就需要采用可扩展的分布式架构和模块化设计，以便根据需要进行扩展和调整。

4.安全性技术

安全性技术是智能消防指挥调度系统的重要组成部分，它涉及系统的各个层面和各个环节，能够确保系统在处理海量数据时的安全性和稳定性。首先，安全性技术需要确保数据的安全性和隐私保护。在智能消防指挥调度系统中，处理的数据信息包括火灾报警信息、人员数据、救援数据等敏感信息，这些信息的安全性和隐私保护至关重要。因此，安全性技术需要采用加密技术、访问控制等手段，确保数据的安全性和隐私保护，防止数据被泄露和篡改。其次，安全性技术直接关系到系统的稳定性和可靠性。在智能消防指挥调度系统中，系统的稳定性和可靠性直接关系到救援工作的效率和效果。因此，安全性技术需要采用高可靠性的通信协议和传输设备，以确保数据传输的稳定性和可靠性；同时需要采用容错机制、备份和恢复策略等手段，来确保系统的稳定性和可靠性。最后，安全性技术需要确保系统的可扩展性和灵活性。随着数据量的不断增加以及系统需求的不断变化，安全性技术需要能够灵活地扩展和调整，以适应不断变化的数据处理和分析需求。这就需要采用可扩展的分布式架构和模块化设计，以便根据需要进行扩展和调整。

5. 可视化技术

可视化技术是一种将数据转换为图形、图像、动画等视觉形式的技术，以便用户能够更直观地理解和操作数据。在智能消防指挥调度系统中，可视化技术发挥着至关重要的作用。首先，可视化技术需要将海量数据以直观、易懂的方式呈现给用户。通过采用先进的可视化技术和工具，将复杂的数据以图形、图像、动画等形式呈现给用户，使用户能够更快地理解和操作数据。其次，可视化技术需要具备交互性和灵活性。在智能消防指挥调度系统中，用户需要根据实际情况进行决策和操作。因此，可视化技术需要具备交互性和灵活性，使用户能够根据自己的需求进行定制和操作。最后，可视化技术需要具备实时性和动态性。在消防救援工作中，情况瞬息万变，需要实时掌握火灾现场的情况和救援进展，因此，可视化技术需要具备实时性和动态性，以便用户及时了解火灾现场的情况和救援进展。

（五）智能消防指挥调度系统的应用方向

1. 消防重点单位信息接入与展示

智能消防指挥调度系统可以将消防重点单位的信息进行整合和展示，包括建筑结构、设施、周边水源等信息。这有助于消防安保工作人员更好地了解和掌握重点单位的情况，为消防安保工作提供数据支撑。

2. 消防网格化管理

智能消防指挥调度系统可以实现消防网格化管理，通过实时掌控基层组织管理动态，对基层网格进行火灾风险红、黄、蓝、绿四色预警。这有助于建立起"网格人员巡查隐患、镇街政府督促整改、职能部门依法查处"的消防安全网格化管理体系。

3. 消防监督管理

智能消防指挥调度系统可以涵盖火灾统计系统、监督管理系统、技术服务机构管理系统、双随机一公开监督管理系统等核心数据，以模块化、图表化的形式展示这些数据，并对数据进行深度分析和挖掘，为消防监督管理工作提供有力支持。

4. 智能防控

智能消防指挥调度系统可以利用大数据技术对火灾险情进行监测预警，实现自动化火灾防控。通过对辖区内的企业、店铺及小区等进行电子监控，可以实时了解火灾风险情况，增加日常巡查次数，还能进一步利用大数据技术对存在的火灾风险进行预测分析，对火灾防护对象起到安全监督作用。

5. 智能化救援指挥

智能消防指挥调度系统可以实现智能化救援指挥，通过大数据技术对火场信息进行研判和分析，获取救援力量信息，制定灭火救援方案，等等。在整个实施过程中，无论是进行火灾信息的研判与分析，获取救援力量信息，还是制定灭火救援方案，都能显示出大数据技术的应用优势。

6. 精细化服务管理

智能消防指挥调度系统可以实现精细化服务管理，通过整合消防资源与社会资源，实现消防物资管理、车辆与药剂调配等方面的精细化动态管理。此外，系统还可以面向社会公众提供有关消防知识与安全教育等方面的宣传教育服务。

第二节　信息化技术应用

对消防工作的整体情况予以分析可知，其中关键的组成部分是消防指挥调度，因而要通过有效措施来确保此项工作做到位。全国消防救援队伍在不同地区均采用集中接警或区域独立接警消防指挥中心平台，其承担的主要职责是合理调配各项资源，并对重特大安全事故造成的负面舆情进行处理。相较于一些国家，国内的消防指挥中心在信息化建设方面有很大的提升空间，虽然经过数年的努力提高了信息化程度，存在的问题依然是较多的，这就使得我国消防指挥调度的实效性大打折扣。现阶段，消防救援队伍需要面对"全灾种、大应急"的工作任务，这就要求必须加强消防指挥中心的建设工作，紧跟社会前行的脚步，建立起完善的消防指挥体系。

一、目前信息化消防指挥中存在的问题

（一）消防指挥系统的管理程度较低且系统没有统一规范

在我国，消防指挥系统呈现出类型众多、功能重复的状况，而且不同系统执行的标准有明显的差异，导致此种情况出现的原因主要为，对消防指挥系统进行开发的过程中，基本的需求调研未能做到位，使得系统功能未能充分实现，表现出的功能实用性不强。有些部门在对消防指挥系统进行信息化升级时显得过于随意，开发目标不够清晰，导致软件

系统无法和硬件相匹配，系统无法兼容。国内的消防指挥系统开发标准暂时没有建立起来，不少的系统开发工作只是针对一种功能，使用中需要对系统功能进行拓展时会出现很多问题，甚至需要重新进行系统研发，这就使得资金投入大幅增加。另外，在消防指挥系统投入使用后，后期的维护、管理没有做到位，这对系统运行产生的影响是很大的，信息数据的收集无法顺利完成，数据丢失现象时有发生，使得不安全因素大幅增加。正是因为存在上述问题，消防指挥系统的管理水平难以真正得到提升。

（二）各单位之间基础建设水平不均衡，数据不互通

我国幅员辽阔，不同地区间的经济实力存在一定差异，因而在展开消防指挥系统建设工作时投入的资源明显不同。在经济发展较为缓慢的地区，硬件设施过于老旧的情况也是常见的，软件不兼容的情况时有发生，这就导致软件系统无法更新，相关数据很难实现共享，一旦发生大警情、大灾情，应急救援的效率就会受到影响。另外，在对消防指挥系统进行开发的过程中，由于开发标准并未统一，使得不同系统依据的标准存在差异，而且系统间被完全隔开，无法产生整体效应。在对消防指挥系统进行维护、管理上达不到要求，开展抢险救援工作的过程中难以实现相关信息的共享，从事调度、指挥工作的相关人员能够获得的数据信息非常有限，这就使得消防指挥系统难以发挥应有的功用，各方力量未能实现科学调度。

（三）信息化应用的深度不够

部分消防指挥中心已经建立起自己的应用系统，通过其后台运行可以使得信息存档更为简便，并可适时对各项信息予以更新，在调派车辆和人员时就可获得可靠的依据，合理性也会大幅提升。然而，该系统的

作用是有限的,其智能化程度相对较低。因为所需数据并不齐全,事故处置方法的总结、对比工作依然需要通过人工方式完成,导致结果不够精准,信息技术在迅捷、客观、准确等方面的优势未能真正发挥出来。

二、信息化技术在消防调度指挥中的应用探究

我国的消防指挥中心当下必须解决的问题是,提升信息综合分析能力,强化 AI(人工智能)的应用等。如果相关问题得不到有效解决,消防调度指挥就难以实现稳步发展。

(一)开发使用灾害预警系统

首批出动的火场指挥员应在行车途中与作战指挥中心保持联系,时时了解火场情况,并及时听取上级指示,做好到场前的战斗准备。总(支)队火场指挥员在向火场的行驶途中,应通过作战指挥中心及时与已经到达火场的辖区火场指挥员取得联系,或通过无线系统、图像数据传输系统、专家辅助决策系统了解火场信息。对于特殊化学危险品,消防指挥员可拨打国家化学事故应急咨询电话(0532-83889090)即时咨询相关化学危险品的理化性能、处置对策等,重点了解火场发展趋势,同时要了解作战指挥中心调动力量的情况,掌握已经到场的力量以及正在赶赴现场的力量,综合分析各种渠道获得的火场信息,预测火灾发展趋势以及着火建(构)筑物、压力容器、储罐、化工装置等部位的变化情况,及时确定扑救措施。

(二)提升科学调派和社会联动水平

对已经发生的灾害事故展开分析是很有必要的。在分析的过程中利用三维实景地图,可以了解救援力量的实际分布状况,从而确保出警力

量的调配是最为合理的。三维实景地图能够对所需专业装备的类型、数量予以提示，完成行驶路线的设定，其智能化程度是较高的。在获取灾情的相关数据后就能够对其发展趋势进行预判，进而根据需要跨区域调动力量，只需要将命令发送至联动单位，就能够保证现场救援力量满足需要。除此以外，还可以依据现场状况对人员、单位、设备等进行协调。例如：现场有人员伤亡，则会指挥"120"急救中心抵达现场实施救援；现场存在危险品、化学品，则要联系相关专家，并调派适用的大型设备。如此可以大幅提升救援工作效能，降低发生人为失误的概率，社会联动效率自然可以得到保证。

（三）对现场指挥的智能辅助

作战预案的生成呈现智能化特征。消防指挥系统在收到事故报警之后能够立刻对灾害情况做出判断，同时针对相关数据展开全面分析，在此基础上就可以提出专业程度较高且具实效性的处置预案，这对现场指挥能够起到促进作用。

充分利用现场处置监控系统的相关功能，获得大量的现场数据，继而利用综合处理平台完成数据分析、计算等工作，这样就可以完成灾害评估工作，进而提出合理的处置措施。要保证现场采用的处置对策是科学的，而且能够真正执行到位。

实现消防指挥中心的远程指挥，为每个出警单位、每名战斗员配备先进的图传设备，将现场处置过程的视频实时传输至后方指挥中心，使专家团队及时了解现场情况，协助进行远程指挥。

第三节 火场通信

一、火场通信的任务

火场通信是为灭火战斗指挥和协同作战而建立的通信联络。火场通信的主要任务是保持整个火场上的通信联络，即火场指挥部与后方调度室的通信联络，火场指挥部与火场前沿阵地的通信联络，火场指挥员与参战中队、参谋的通信联络，中队长或通信员与战斗班长、司机、水枪手等的通信联络，火场指挥员与参加火灾扑救的公安、专职义务消防队的通信联络，火场指挥员与各有关部门、受灾群众和单位之间的通信联络。

二、火场通信的要求

为了在短时间内控制火势，扑灭火灾，减少损失，对火场通信的要求是：迅速、准确以及保持不间断的通信联络。要在各种困难复杂的情况下保证火场上各有关方面联络畅通，保证火场指挥员的命令以及不断变化的火场情况能够迅速、准确地传达到有关部门、单位和人员，以便实施不间断的指挥，搞好协同作战，顺利地完成灭火战斗任务。为此，火场通信人员在执行任务时必须具有高度的责任感和严格的纪律性，充分发挥通信人员的桥梁作用和参谋助手作用。

电话接线员接到报警后，必须迅速准确地受理火警电话，及时调动灭火力量。通信员要听清出警的地点和任务，发现疑问要及时讲明，防止产生差错，然后携带出车证，乘通信指挥车或通信车出动。

通信员要协助驾驶员选择捷径路线，注意行车安全，以便迅速到达火场。如果出警途中消防车辆发生故障和交通事故，或者遇到另一起火灾现场时（包括返队），应立即向调度室报告。

出警途中通信员要注意观察入场地点的情况，有无火势蔓延的迹象（如烟雾、光等），并注意风向、风力等现场情况。

如果针对起火单位预先制订了灭火作战计划，应迅速查看，然后交给指挥员；如未制订灭火作战计划，应将平时掌握的有关情况（如建筑特点、水源分布、交通和周围情况等），主动向指挥员报告。

消防车到达火场后，通信员要尽快通过无线电台或有线电话同调度室取得联系，及时报告火场情况。要向调度室说明电台代号或电话号码、通信员姓名，报告发生火灾的具体单位、部位、火场燃烧物质等情况，以及火势是否已被控制或扑灭。如果火势很大，需要申请增援力量时，要说明需要什么车辆，几台车。凡是向调度室报告的情况，必须经火场指挥员同意或授权。如遇特殊情况，一时找不到火场指挥员，可先向调度室报告情况，并加以说明，事后及时向火场指挥员报告。

通信员到达火场后，要参与火情侦察，全面了解火场情况，这是迅速准确地报告火场情况的前提。火场侦察主要是靠观察、询问和测算，并根据平时掌握的情况做出准确的判断。火场侦察的内容主要有燃烧部位、燃烧对象、燃烧面积、建筑特点、消防水源、周围情况、火势蔓延方向与速度、人员伤亡情况、到达火场的消防车辆以及火灾扑救组织情况等。

如果火势较大，需调动增援力量时，通信员应根据增援消防中队距离火场的远近，估计能够到达火场的可能的路线和行驶时间，预先在路口迎候。对增援消防车辆的停靠水源、进攻路线、任务等，必须按火场指挥员的命令明确传达清楚。如果前来增援的消防车辆较多，应将消防车辆引导停放在便于调动的适当位置，并通知各增援队指挥员和通信员向火场指挥员报到，待明确任务和消防水源后，再分别调动，以防止各增援车辆无秩序地涌向火场，堵塞交通，擅自占领消防水源，影响灭火战斗的统一部署。

6

第六章

灭火救援行动

第一节　灭火出动

灭火出动是指消防员从接到出动命令至奔赴火场的过程，是灭火作战行动的首个环节，包括登车出动和奔赴火场。

一、登车出动

登车出动是指消防员接到出动信号至消防车驶出车库的过程，包括着装登车、检查登车情况和驶出车库三个环节。根据火场实际需要，登车出动可以采取集中出动、分批出动的形式。

（一）着装登车

执勤消防员接收到出动信号后，应立即停止一切活动，跑步进入车库，按照规定着装登车，并按规定的位置乘坐。

执勤消防员登车时，应按规定穿着战斗服，戴消防头盔，扎消防安全带，穿消防靴。通常，执勤消防员应在战斗服内穿着纯棉衣物；指挥员和战斗员应携带防爆手电筒、呼救器、方位灯等个人装备；通信员领取出车单，携带对讲机；驾驶员打开车库门后，迅速发动车辆，开启车载电台、车载计算机等设备。

执勤消防员必须按照指定位置依次登车，严禁坐在车厢顶部或站在车外，严禁在车辆起步后追赶登车。

（二）检查登车情况

各车战斗班长应迅速检查战斗员登车情况，如是否全部着装登车，是否按规定位置乘坐，是否有身体部位露出车外，乘员室内器材装备是否放置牢固，车门是否关好，等等。

（三）驶出车库

战斗班长检查完登车情况后，即可下达出动命令。出动时，通常应开启执勤车辆的全部警灯，并视情况鸣响警报；如果消防站车库门外的道路上装有交通信号灯，通信员应开启红灯，禁止其他车辆通行，确保消防车安全驶出车库。

（四）登车出动注意事项

1. 做好登车出动准备

限制执勤消防员的活动范围，要求其不得远离营区；消防员的个人防护装备应按本单位规定有序放置；集体外出进行训练、参加活动时，要视情况安排一定力量留队备勤，外出人员要按战斗岗位分工位置乘坐消防车，随车携带个人防护装备，消防车应停靠在便于出动的位置，保证通信联络畅通，做好随时投入战斗的准备。

2. 确保登车出动安全

消防员出动通道和路线必须保持畅通，防止登车出动时发生碰撞、摔跤；事先规定遇到火警的出动注意事项；正在用电、用火工作的执勤消防员在接到出动命令时，要妥善处理正在使用中的燃气、电器设备，或指定他人照看；当有新兵来队、群众参观时，应预先告知其避让人车出动的注意事项。

二、奔赴火场

奔赴火场是指消防车驶出车库至到达火场的过程。在这一过程中，需要指挥员预先判断火场情况，做好相应的战斗准备，做到超前指挥。

（一）选择行车路线

消防队接到出动命令后，应根据消防通信指挥中心的指令以及平时"六熟悉"所掌握的情况，或应用车载导航设备，迅速、准确、安全地到达火场。

通常应选择行驶距离最近的路线奔赴火场，但当该路线发生拥堵等情况无法通行时，指挥员应及时选择最快的行驶路线到达火场。在扑救有毒物质、易燃气体和液体火灾以及大面积物资堆垛火灾时，应根据作战任务以及当时的气象条件、地形条件等情况，选择安全的行驶路线和停车位置，从上风或侧上风方向驶抵火场。在行驶中，如发现异常情况应及时更改行驶路线。

（二）保持途中联络

在奔赴火场途中，应随时保持与消防通信指挥中心的联络畅通以及各车之间的联络。

车辆驶出车库后，通信员应及时与消防通信指挥中心核对火场地址和任务；指挥员应向指挥中心报告观察到的火情、行驶途中的情况，如火场上空的烟雾，途中遇到的意外，路况和行驶方位。途中即使未发现烟雾、火光等燃烧迹象，也应及时汇报给指挥中心。

车辆行驶途中，指挥中心与首车之间应相互传递下列信息：报警人提供的灾害信息，预案及数据库中存储的此类灾害的性质、特点及处置对策，指挥中心和上级指挥员下达的各项指令，消防车的行驶情况、火场及周围的道路、水源、建筑结构、地形地物等资料，气象报告。

（三）做好战斗准备

在奔赴火场途中，指挥员根据观察以及指挥中心告知的火场情况，预测判断火情，提前向各车部署作战任务，提示注意事项。

1. 及时了解信息，预测火场情况

在奔赴火场途中，指挥员应利用消防车行驶时间，通过询问指挥中心、询问报警人、观察火场情况以及调阅车载计算机数据库等技术手段，尽可能多地掌握火场情况，为扑救火灾做好准备，并根据所掌握的信息预测火场可能出现的情况，判断火势的发展。通常可根据报警人提供的信息、着火物质的性质特点、烟雾、火焰颜色、燃烧范围等判断火灾类别和火势大小。

2. 想定作战方案，视情况请求增援

指挥员应根据预测的火灾情况、灭火作战预案、火场周围的道路与水源等情况，围绕救人与灭火、防御与进攻等主要矛盾想定灭火作战行动方案。向各车指挥员简要部署作战任务，明确水源的选用、供水形式、进攻方向等事项，布置有关防御性措施，提示作战注意事项，做好必要的战前动员，并根据预测结果估算火场所需灭火力量，及时向指挥中心请求调集增援力量，明确提出所需增援的消防车种类和数量。

（四）应对意外情况

在奔赴火场途中，如遇到第二火场，指挥员应根据出动的消防力量及两起火灾的危害程度进行判断，采取相应的措施。通常可留下1辆消防车在第二火场进行火灾处置；若第二火场情况非常严重，应全队力量参与处置，并立即报告指挥中心另调力量处置原火场；若本中队出动力量不足，应及时请求增援。

在奔赴火场途中，如遇交通堵塞，应及时调整行驶路线奔赴火场；若车辆被堵无法移动，应及时报告指挥中心，另调力量进行应急处置，并于交通恢复而火灾未扑灭时，立即赶赴火场参与火灾处置。

在奔赴火场途中，指挥员应及时提醒驾驶员注意道路情况，保证行驶安全。如遇交通事故，并有人员受伤，应通知"120"急救中心或拦截过路车将伤员送往医院，同时保护好事故现场，并向指挥中心报告情况。将事故车辆和驾驶员留在现场等候交警处理，并留下1名干部或士官协助处理交通事故，事故车辆上的人员分乘其他车辆奔赴火场。

第二节　火情侦察

火情侦察是指消防员到达火场后，运用各种方法与手段了解和掌握火场情况的行动过程。它是灭火作战行动的重要保障。火情侦察小组应由有经验的消防员组成。

一、火情侦察的组织程序

（一）火情侦察的组织

火情侦察是一项艰巨、复杂、细致的任务，必须有组织地进行，才能保证侦察任务的顺利完成。火场指挥员应根据到场灭火力量的具体情况，指定有经验的人员组成火情侦察组。

当发生火灾时，辖区消防队到达火场后，应迅速由中队指挥员、通信员和战斗班长组成火情侦察小组，为实施初期火灾扑救收集所需信息。有增援中队参加战斗的火场，根据侦察工作的需要，可由辖区中队指挥员、增援中队指挥员、辖区中队通信员和战斗班长组成侦察小组。在工艺流程烦琐、内部结构复杂的火场中，辖区中队指挥员应视情况吸收火灾单位的工程技术人员共同进行火情侦察。

当火势较大、到场灭火力量多、火场情况复杂时，在公安消防总（支、大）队指挥员到场的情况下，应成立火场指挥部，由1名火场副总指挥员负责，组织总（支、大）队参谋、中队指挥员、战斗员，组成若干个小组进行火情侦察。为防止爆炸、建筑物倒塌等险情的发生，火场指挥部应在便于观察火灾现场的地点设置火场观察哨，指定具有灭火作战经验的指挥员、灭火专家、有关工程技术人员，组成火场观察小组，及时向火场指挥部报告观察到的火场情况。

（二）火情侦察的程序

火情侦察应贯穿于灭火行动的全过程。火情侦察可分为初步侦察和反复侦察两个阶段。

1. 初步侦察

初步侦察是指侦察人员通过外部观察、询问知情人、内部侦察、仪器检测等方法，针对不同的火场特点，了解掌握火场的基本情况，为火场指挥员确定灭火作战主攻方向、部署作战力量、调派增援力量提供情况依据。

2. 反复侦察

反复侦察是在初步侦察后，侦察人员在整个灭火行动过程中，对火势的发展变化、遇险人员的营救情况、着火对象的危险程度等情况，以及经初步侦察后尚不清楚、不完整的情况，根据灭火作战的需要进行的不间断的侦察行动。反复侦察的目的是为火场指挥员全面及时地掌握火场内一切变化情况，采取更加有针对性的灭火作战措施，及时调整作战力量部署，顺利实施灭火作战行动提供决策依据。

二、火情侦察的内容

消防队到达火场后，火场指挥员应立即组织火情侦察人员迅速准确地查明火灾现场各方面的情况：火源（泄漏点）位置、燃烧（泄漏）物质性质、燃烧（泄漏）范围和火势蔓延（泄漏扩散）的主要方向；火场内有无被困或遇险人员及其所在位置、数量，以及疏散的途径及安全性；有无爆炸、毒害、腐蚀、遇水燃烧等物质，以及其数量、存放形式和具体位置；生产工艺流程，需要保护和疏散的贵重物资及其受火势威胁的程度；燃烧的建（构）筑物的结构特点，以及其毗邻建（构）筑物的状况，如是否需要破拆，有无带电设备，是否需要切断电源；着火建（构）筑物内的消防设施情况；举高类消防车和其他主战消防车的作战停车位置、周围消防水源和道路等情况；其他需要查明的情况。

三、火情侦察的要求

火情侦察要贯穿于整个救援过程，要第一时间了解火场信息，加强对知情人的询问，充分发挥侦检仪器的作用，火情侦察要有针对性。

（一）第一时间了解火场信息

首批出动的火场指挥员，应在行车途中与作战指挥中心保持联系，实时了解火场情况，并及时听取上级指示，做好到场前的战斗准备。总（支）队火场指挥员在向火场的行驶途中，应通过作战指挥中心及时与已经到达火场的辖区火场指挥员取得联系，或者通过无线系统、图像数据传输系统、专家辅助决策系统了解火场信息。对于特殊化学危险品火灾，消防指挥员可拨打国家化学事故应急咨询电话（0532-83889090）即时咨询相关化学危险品的理化性能、处置对策等。

（二）加强对知情人的询问

要加强对火场情况知情人的询问，以便了解火场内遇险人员的数量、所处的大概位置、受火势威胁的程度，以及燃烧物的性质、有无爆炸危险等情况，确保火场指挥员在第一时间内掌握以上信息，以正确判断火情，抓住火场主要方面迅速组织力量，实施灭火救援战斗。

（三）充分发挥侦检仪器的作用

对于烟雾浓、着火点隐蔽、遇险人员被困位置分散的火场，消防人员要优先利用侦检仪器进行侦察搜寻；尤其要及时利用可燃、有毒气体检测仪，查明可燃气体或有毒气体的泄漏范围和浓度，以利于科学界定警戒区域。另外，要重视利用建筑结构稳定测量仪、经纬仪等仪器，测量长时间燃烧的建筑整体的牢固程度，以便正确把握内攻与撤退的时机。

（四）火情侦察要有针对性

火场指挥员在实施火情侦察的行动中，应根据不同的火灾特点有针对性地部署火情侦察任务。侦察人员采取相应的火情侦察方法，快速准确地查明火场情况，为火场指挥员提供决策依据。例如，液化石油气储罐发生火灾，应查明火灾燃烧时间、储罐容量、形式、泄漏或燃烧部位、受热情况和安全阀截面大小等情况；利用消防控制室对建筑火灾进行火情侦察时，应了解什么部位的火灾探测器首先报警以及其他火灾探测器报警的顺序等情况，以确定最先发生火灾的部位和火势蔓延的方向；通过了解自动喷水灭火系统中水流指示器的报警情况,可以确定火灾发生的具体楼层或所处的防火分区。实践证明,火灾自动报警系统和自动喷水灭火系统所提供的火场情报更加快捷、准确。

四、火情侦察的注意事项

消防员在进行火情侦察时,应注意严谨细致,确保安全。

(1)火情侦察小组一般不少于3人,严禁独自进入火场实施侦察。

(2)实施侦察行动前,应明确侦察任务,做好个人安全防护工作。针对带电、有毒物质扩散、放射性物质泄漏等不同情况,采用相应种类和级别的防护措施。

(3)侦察时应携带必要的通信、救生、侦检探测、破拆、照明和防护等器材。

(4)进入有火焰、高温和浓烟的区域进行侦察时,应利用水枪喷雾射流进行掩护。

(5)进行登高侦察时,侦察人员应利用绳索安全工具组、救生吊带组、防坠落器材、缓降器等进行自身安全防护。

(6)在进入有毒物质扩散区域侦察时,侦察人员在做好自身安全防护的同时,必须从上风或侧上风方向进入染毒区域,利用侦检器材进行检测。

(7)侦察人员进行火情侦察时,要充分利用地形地物隐蔽和保护自己;在建筑物内行走时,要靠近承重结构;视线不清晰时,要前脚虚后脚实,人体重心在后探步前进;在火场内不宜直立行走时,应改用低姿前进;对行走过的路线要标记特征,以便顺利返回。

第三节 火场警戒

火场警戒是维持火场秩序,防止灾害范围或火灾损失进一步扩大,保障灭火作战行动顺利进行而采取的作战行动。

一、火场警戒的目的和类型

(一)火场警戒的目的

火场警戒的目的,是控制人员、车辆进入复杂灾害事故的现场,减少现场突变可能对人员造成的伤害,以及火场混乱给灭火工作带来的不利影响。

(二)火场警戒的类型

火场警戒的类型是由警戒的范围和管制的内容决定的。不同性质的火灾事故,其火场警戒的范围和管制的内容各不相同。

1. 维持秩序类警戒

当发生重大火灾、重大灾害事故或严重的交通事故时,火场警戒的主要目的是禁止无关人员和车辆进入灭火工作范围,并对警戒区域内实施交通管制,维持火场秩序,保证火灾扑救和应急救援工作的顺利进行。

2.防爆炸类警戒

当发生液化石油气、甲烷、乙烯等易燃气体或汽油、酒精等易燃液体的泄漏时，火场警戒的主要目的是防止发生爆炸燃烧事故。警戒范围内必须同时禁绝一切着火源，管制交通，进入警戒区的人员禁止穿着易产生静电、火花的化纤面料服装和带有铁钉的鞋子，等等。

3.防中毒类警戒

当发生不燃的有毒气体泄漏时，其现场警戒的目的是防止人员中毒。要及时划定警戒范围，进入警戒区的施救人员等必须按要求做好安全防护。

4.防毒防爆类警戒

当发生可燃的有毒气体泄漏时，其火场警戒的目的是，既要防止人员中毒，又要防止发生爆炸燃烧事故。警戒范围内应立即消除一切着火源，管制交通，控制无关人员进入，进入警戒区的人员必须按要求做好安全防护。

二、火场警戒器材和警戒范围

（一）火场警戒器材

常用的火场警戒器材有警戒标志杆、底座、警戒带、警戒灯、形象警示牌、警戒桶等。警戒带为卷状，用高强度塑料加工而成，表面喷有红白反光漆，标有"警戒"字样；形象警示牌由图形、文字、标识、颜色等内容构成，用于表示剧毒、爆炸、燃烧、泄漏、核放射等不同含义，多为三角形状，由金属制成；警戒桶为圆锥状，塑料制品，表面喷有环状红白反光漆。

（二）火场警戒范围

火场警戒范围是根据火灾事故特点以及消防队开展灭火工作所需要的行动空间和安全要求来确定的，并合理地应用各种警戒器材阻止无关人员进入危害区，以保证灭火通道和灭火剂供应线路的安全，为参战力量提供足够的活动空间。

1. 根据直接危害范围确定

火灾事故的直接危害范围，是指火灾蔓延的途径范围、火灾烟气的侵袭范围、爆炸冲击波直接波及的范围、危险化学品泄漏扩散的范围等。它是确定火场警戒范围的重要依据。

2. 根据间接危害范围确定

火灾扑灭后有可能造成空气、水源和地面污染，或者使市政、生活等设施遭到破坏而影响人们正常工作和生活的重特大火灾事故现场，火场指挥员要对事故的严重程度、可能发生的严重后果以及可能波及的范围做出预测，及时确定警戒范围。

3. 根据侦检监测结果确定

如果火灾现场发生有毒物质泄漏，火场警戒的范围应根据有毒物质的性质、风向风力和侦检结果来确定，从有毒中心区向外按照检测结果确定污染区。

4. 根据处置需要的空间确定

火灾事故的处置工作具有综合性特点，如切断毒源、扑灭火灾、抢救人员、排险抢修、维持治安等，处置行动涉及消防、公安、医疗、交通、环保等许多单位和部门。因此，在确定火场警戒范围时，要留有足够的工作空间，保证所有参战力量能够顺利开展灭火救援行动。

三、火场警戒的程序

（一）设置警戒工作区域

消防队到场后，通常在事故现场的上风方向停放消防车辆，警戒人员做好个人防护后，按确定好的警戒范围实施警戒，在警戒区上风方向的适当位置建立各相关工作区域，主要有着装区、器材放置区、洗消区、警戒区出入口等。

（二）迅速控制火场秩序

火灾现场往往有许多群众围观，尤其是火灾受害者，为了抢救自己的贵重物品和被困火场的亲人，他们往往不顾一切地想进入火场，有时会干扰灭火作战行动。此时必须尽快控制火场秩序，安抚稳定他们的情绪，将他们疏散到警戒区域以外的安全地点。

（三）进行外围疏导控制

外围疏导控制主要依靠巡警或武警等实施。遇有较大规模的灭火现场，火场指挥员要及时调动这些力量到场，疏导外部车辆和围观群众，管制交通，维持好现场秩序。

四、火场警戒的要求

火场警戒的一般要求如下。

（1）要根据泄漏的危险化学品的性质、数量、危害程度及当时当地的风向风力进行科学分析，在准确侦毒检测的基础上确定火场警戒的范围，既不要危言耸听，盲目扩大火场警戒范围，又要防止由于估计不足而增加人员伤亡和灾害损失。

（2）火场指挥员对火灾等灾害的危害程度要心中有数，如果危险化学品的泄漏量不是太大，且采取了稀释降解驱散措施，已经有效控制了毒害物质的扩散，就不要随意扩大交通管制、禁火断电、人员疏散的范围，尽量将损失和影响降至最低。

（3）确定火场警戒范围时，既要保证参战车辆的通道、灭火进攻路线畅通，又要保证与灭火无关的人员或车辆不能随意进入现场。

（4）确定火场警戒范围时，要对火灾事故或灾害有可能导致的直接危害及其次生灾害做出预测，及时划定火场警戒范围，既要保证灭火作战行动有足够的行动空间，又要尽最大可能减少对社会车辆和群众出行的影响。

（5）遇有重大火灾或重大灾害事故，火场指挥员必须强化联动作战意识，充分发挥相关部门和社会各界力量的作用。根据火场需要，及时调集公安、武警力量，到场实施警戒。

（6）设置警戒区时，要根据火灾或灾害事故的不同种类、性质，设置相应的警戒标识。危害程度不同的警戒区域，应设置不同的警戒标识。夜间要尽可能使用带有发光、照明功能的警戒标识。

（7）在实施警戒的过程中，要防止无关人员或围观群众随意进出火场。警戒人员要做好个人防护，防止中毒、灼伤等事故的发生。

（8）在警戒区的出入口处，应设置专职警戒员，做好对进入危险区域的人员、器材的安全检查，强调安全注意事项并做好记录，确保进入火灾现场的人员的安全。

第四节　火灾扑救

一、扑救战斗的展开形式

参战消防队伍根据火场情况，主要采取准备展开、预先展开、全面展开三种战斗展开形式。

（一）准备展开

从建筑外部看不到燃烧部位和火焰时，火场指挥员应当在组织火情侦察的同时，命令参战人员占领水源，将主要战斗装备摆放在消防车前，做好战斗展开前的准备。

（二）预先展开

从建筑外部能够看到火焰和烟雾时，火场指挥员在组织火情侦察的同时，命令参战人员携带战斗装备接近起火部位，铺设水带干线供水，做好进攻准备。

（三）全面展开

基本掌握火场的情况后，火场指挥员应当确定作战意图，果断命令参战人员立即实施火灾扑救。

二、消防力量的主要部署部位

消防力量的主要部署部位包括：有人员受到火势威胁的地点以及抢救、疏散的路线，重要物资受到火势威胁的部位，火势蔓延方向以及可能造成重大损失的部位，参战力量实施内攻救人灭火的部位，毗邻建筑受到火势威胁的部位。

三、疏散和保护物资

在火灾扑救过程中，应当按照下列基本要求积极组织疏散和保护物资，努力减少损失。

（1）遇有易燃易爆物品或者贵重仪器设备、档案资料及珍贵文物受到火势威胁时，首先予以疏散；受到火势威胁的物资及妨碍救人灭火的物资也应当予以疏散。

（2）对难以疏散的物资，应当采取冷却或者使用不燃、难燃材料遮盖等措施加以保护。

（3）疏散物资应当在火场指挥员的统一指挥以及起火单位负责人、工程技术人员的配合下，根据轻重缓急有组织地进行。

（4）从火场中抢救出来的物资应当指定放置地点，指派专人看护，严格检查（防止夹带火种引起燃烧），并及时清点和移交。

四、破拆行动

根据灭火战斗行动的实际需要，应当按照下列基本要求，依法合理实施破拆。

（1）为查明火源和燃烧的范围，以及抢救人员和疏散重要物资需要开辟通道时，可以对毗邻火灾现场的建（构）筑物、设施进行破拆。

（2）当火势迅速蔓延难以控制时，可以在火势蔓延的主要方向，根据火势蔓延的速度，选择适当位置拆除毗邻火灾现场的可燃建（构）筑物，开辟隔离带，阻断火势蔓延。

（3）当发生火灾的建筑物具有局部出现倒塌的危险，直接威胁现场人员的人身安全、妨碍灭火战斗行动时，可以进行破拆。

（4）当发生火灾的建筑物内部聚集大量的高温浓烟时，为改变火势发展蔓延方向，定向排除高温浓烟，便于救人、灭火，应当选择不会引起火势扩大的部位进行破拆。

（5）在破拆建（构）筑物时，应当注意承重构件，防止因误拆造成建（构）筑物倒塌；在有管道设备的建（构）筑物内部进行破拆时，应当注意保护管道，防止因管道损坏造成易燃可燃液体、气体以及毒害物质泄漏。

（6）在破拆建（构）筑物和设施的过程中，应当划出安全警戒区，设置安全警戒哨，并采取必要的防护措施。

五、个人防护

在火灾扑救过程中，应当按照下列基本要求，做好参战人员的安全防护，严防发生人员伤亡。

（1）进入火场的所有人员，应当根据危害程度和防护等级，佩戴防护装具，并经安全员检查、登记；进入火场后应当合理选择进攻的路线、阵地，严格执行操作规程。

（2）在可能发生爆炸、毒害物质泄漏、建筑物倒塌、可燃液体沸溢或喷溅，以及浓烟、缺氧等危险的情况下进行救人灭火时，应当组成精干作业组,设置安全观察哨,布置水枪掩护;尽量减少现场作业人员,留有备用力量;严禁擅自行动。

(3)在需要采取关阀断料、紧急停车、惰化保护、泄压放空、导料输转、注水排险等措施时,应当掩护配合起火单位工艺处置小组和专业技术人员实施,严禁盲目行动。

(4)对火场内带电线路和设备应当视情况采取切断电源或预防触电的措施。

(5)当火场出现爆炸、轰燃、倒塌、沸溢、喷溅等险情征兆,又无法及时控制或消除而直接威胁参战人员的生命安全时,现场指挥员应当果断组织参战人员撤离到安全地带并立即清点人数,伺机再组织实施灭火救援行动。

(6)视情况安排紧急救助小组待命,在参战人员生命安全受到威胁时,能够及时组织救援。

六、火灾扑救完成后的工作

在火灾扑救完成后,应做好以下三个方面的工作。

(1)全面、细致地检查火场,彻底消灭余火。对石油化工生产装置、储存设备的温度及其周围可燃气体、易燃可燃液体蒸气的浓度进行检测并做相应处理,防止复燃,同时应当责成起火单位或相关单位人员看护火场,必要时留下必需的灭火力量进行监护。扑救沿街店铺火灾时,在扑救火灾过程中及之后应重点检查隔壁店铺及上层店铺人员伤亡情况,以防现场受伤、昏迷人员没有被搜救出来。

(2)撤离火场时,应当清点人数,整理装备,恢复水源设施,向事故单位或有关部门进行移交。

(3)归队后,应当迅速补充油料、器材和灭火剂,调整执勤力量,恢复战备状态，并报告作战指挥中心。

第五节　火场救人

火场救人是指消防员使用各种消防器材和技战术方法，将火灾现场受到火势围困或其他险情威胁的人员疏散、解救至安全区域，或通过改善被困人员的生存环境来避免伤亡发生的作战行动。

一、火场救人的途径

火场救人途径的选择是否正确，直接影响到能否及时、成功地救出被困人员。火场指挥员要在充分考虑人员被困部位的具体情况和施救手段的基础上，选择切实有效的救人途径。火场上可利用的救人途径主要有：建筑物的走廊、门、窗、阳台等出入口和通道，建筑物的防烟楼梯、封闭楼梯、消防电梯及室外疏散楼梯，会堂、礼堂、剧院等公共场所的太平门，地铁、地下商（市）场等地下建（构）筑物的出入口、通道、通风口等，建筑物之间的连系阳台、连廊、天桥等，建筑工地的脚手架。

二、火场救人的方法

火场救人是消防队灭火战斗行动中最重要的战斗任务，消防员通过询问知情人，了解被困人员的数量、性别、年龄、大致所在位置等基本情况，合理确定救人的方法。

（一）寻找被困人员的方法

1. 询问知情人

通过询问知情人，了解被困人员的基本情况，如人数、性别、年龄、所在位置等，确定营救被困人员的途径和方法。

2. 主动呼喊

当消防员未佩戴防护面罩时，向可能有被困人员的区域喊话，以引起被困人员的反应，从而迅速发现被困人员所在的位置。

3. 搜索

消防员在火场内寻找被困人员时，通常情况下，在建筑物内应注意搜索走廊、通道、楼梯、窗口、阳台、盥洗室等部位，在房间内应注意搜索床下、桌下、橱柜内、卫生间、厨房、墙角、窗下、门后等部位，在车间厂房内应注意搜索机器旁边、工作台下、控制室等部位，在列车车厢内应注意搜索座位下、厕所、乘务员室等部位，在船舶内应注意搜索机舱、上层建筑、客舱、座位下、通道、走廊、窗下、厨房、盥洗室等部位，在飞机内应注意搜索厕所、驾驶舱、座位下、舱门和紧急出口旁边等部位。因建筑物室内温度过高而无法进入时，可利用长柄工具由门、窗伸入其间探寻。

4. 仔细倾听

深入火场内部寻找被困人员的战斗员，应注意倾听被困人员的求救声，以及喘息、呻吟和响动等，以判断他们的位置。

（二）营救被困人员的方法

火场救人的方法很多，消防员可结合现场实际情况和救生器材的特点，选择有效方法施救。

1. 内攻救人

内攻救人是灭火救援行动中最常采用的救人方法。救人时，要根据救人任务量的大小，成立若干个救人小组，采取背、抬、抱等方法，迅速将被困人员抢救出来，并根据被救者的危险程度，进行现场急救或送往医院抢救。当内攻救人通道被烟火阻挡时，应用水枪开辟通道，兼顾排烟灭火，掩护实施救人行动。

消防员深入建筑内部实施救援时要做好个人安全防护，要尽可能携带齐全必要的侦检、照明、通信、破拆、救生等器材，以保证救人任务的顺利完成。

2. 举高类消防车救人

发生火灾后，如果人员被困在楼房内或楼顶，疏散楼梯、安全出口等内攻救人通道被烟火封堵，以致消防人员无法进入内部时，在高度允许的范围内，可利用云梯消防车、登高平台消防车等举高类消防车登高救人。救人时，根据现场环境条件选用不同高度、不同车型的举高消防车登高，当工作斗接近楼房窗口或房顶后，由消防人员引导被困人员进入工作斗或爬梯下至地面。对于不能行走或昏迷的人员，消防人员应直接将其救护至地面，并及时送往医院抢救。

3. 消防梯救人

当建筑楼层不高，或举高类消防车无法使用，内攻救人行动无法实施时，可利用消防梯登高救人。救人过程中，消防人员在登高或下梯时要做好安全防护；被困人员从消防梯上逃生时，要用安全绳保护，地面要有专人接应。

4. 安全绳救人

利用安全绳救人时主要采用安全绳斜下救人法、安全绳横渡救人法、拉梯与安全绳联用救人法等。被困人员悬挂在安全绳上横渡或下滑时，消防人员应当使用引绳引导，控制其横渡或下滑的速度。

5. 缓降器救人

当建筑物发生火灾，在浓烟烈火封闭疏散通道的危急情况下，被困人员可利用救生缓降器安全迅速地从天而降脱离险境。利用缓降器救人不受场地限制，随时可以实施，特别适用于营救行动不便的被困人员。当被困人员较多时，可选用往返式缓降器实施救援。

6. 救生软梯救人

当多层楼房发生火灾，疏散救人通道被封堵时，利用救生软梯营救被困人员是很有效的一种救人方法，但这种方法只适用于对有自主逃生能力的人员实施救助。

7. 救生气垫救人

当楼房发生火灾，无法实施登高救人且情况危急时，利用救生气垫在安全使用高度内营救跳楼逃生的被困人员，是营救被困人员的一种有效的应急方法。

8. 地形地物疏散救人

地形地物疏散救人，是指在灭火救援行动中根据火灾事故现场所能利用的各种设施、建筑构件、机械设备等实施救人的一种方法。在实施救人行动时，必须考虑所利用地形地物的安全性和可靠性，避免人员伤亡事故的发生。

9. 强行破拆救人

在实施救人行动过程中，如遇到某些建筑构件、门窗、防盗门、防盗网等阻拦，影响救人行动继续进行时，就应根据实际情况果断实施破拆，开辟救人通道，将被困人员迅速安全救出。破拆时，可使用开门器、气动切割刀、无齿锯、等离子切割器、机动链锯等破拆器材实施破拆，迅速开辟救人通道，快速疏散救人。禁止对承重构件实施破拆，以免由于局部的破拆对整体建筑安全构成威胁。

10.直升机救人

当高层建筑发生火灾，被困人员无法从建筑内部向地面逃生，且人员被困位置超过消防车辆的最大登高能力时，可先将被困人员疏散至楼顶，再使用直升机救人。楼顶有停机坪时，直升机可降落在停机坪救人；楼顶无停机坪时，可通过空中悬停，利用吊索或软梯救人。没有直升机的城市，可以通过当地政府协调调派军用直升机增援。

三、火场救人的要求

火场救人工作十分艰巨、危险而又复杂。要组织好火场救人工作，应遵循以下要求。

（1）组织精干的救人小组，救人小组的人数应根据火场需要确定，一般不少于3人。

（2）担负火场救人任务的消防员，在进入火场救人之前，要通过火情侦察和询问知情人等手段，尽可能多地了解和掌握被困人员的基本情况以及燃烧物、建筑结构及火场环境等情况，并确定救人行动的方法、进退路线、救生器材及安全防护措施。

（3）在实施救人行动之前，要对防护装备、救生气垫、安全绳、缓降器等器材的可靠性和正常使用情况进行严格检查，同时要严格按照操作规程和要求进行操作，保证救生器材的安全使用。

（4）使用呼吸保护器具时，要设立检查站，严格操作程序。进入火场前，由专人负责检查登记。使用过程中，消防员要关注所使用的呼吸保护器具的工作情况，安全使用呼吸保护器具。

（5）火场救人需要内外协调，相互配合。救人行动展开之前，要事先确定联络信号及通信联系方式,保持火场内外及火场内部救人小组之间的通信联络。

(6)在进入浓烟大、温度高、能见度低的区域救人时,消防员要穿着阻燃性能好的防护服装,佩戴好呼吸保护器具,在水枪掩护下沿承重墙摸索前进;根据火场情况,可采用低姿或匍匐方式行进。

(7)对于获救的受伤人员,除在现场进行急救外,还要及时送往医院进行抢救治疗。营救医院火灾中的被困病人时,要在医护人员的指导下进行。

(8)架设消防梯从楼房外部进入楼层救人时,要组织被困人员按秩序进行疏散,防止被困人员一拥而上,并用安全绳予以保护,或由消防员护送下梯,以免造成人员意外坠落、梯子倾翻等事故。

(9)进入现场救人的消防员,要尽量将所需器材带齐。各级火场指挥员要密切关注深入火场救人的消防员的安全;同时,火场外部要准备好接应的梯次预备力量。

(10)由专人负责对被救出人员的姓名、性别、年龄、职业、单位、伤情、获救时间、去向等情况做好记录;同时,对被救出人员要做好监护,防止其重返火场。

第六节　火场供水

火场供水是指消防员利用消防车、消防泵和其他供水器材将水输送到火场,供现场消防员出水灭火的行动过程。

一、火场供水原则

（一）就近利用水源

火场供水消防车应停靠在距离火场较近的消防水源处，以便达到迅速供水灭火的目的，占据水源切忌舍近求远。

（二）确保重点，兼顾一般

火场供水必须着眼于火场主要方面，应集中主要的供水力量，保证火场主攻方向的水量和水压，以有效地控制火势，扑灭火灾。火场主要方面的供水得到保证后，应根据火场供水力量的情况，科学合理地兼顾火场次要方面的供水。当火场供水力量不足时，必须及时果断地放弃次要阵地的供水，以保证重点阵地的灭火用水。

（三）快速准确，确保不间断供水

首批出动的供水力量到达火场，对扑救初期火灾保持绝对优势时，应以最快的速度组织供应扑救初期火灾的用水量，做到战术上的速战速决。当消防人员到达火场时火势已蔓延扩大，首批出动的供水力量不足时，应迅速调集增援力量；同时，通知自来水公司加大火灾地区供水管网的供水流量和压力，以达到加快灭火进程的目的。根据火场的实际情况，采取一切手段确保火场供水不间断。

二、火场供水方法

指挥员应根据火场实际情况和到场消防车的数量、技术性能，火场周边可利用水源的供水能力，以及交通道路等具体情况选择最佳的供水方案，向火场供应足够的灭火用水。

（一）直接供水

消防车（泵）直接供水是指火场灭火消防车（泵）直接停靠于水源周边取水或利用车载水直接铺设水带干线出水枪灭火。直接供水的形式有两种：①消防车利用车载水直接出水枪（炮）灭火；②消防车（泵）停靠于水源周边吸水，出水枪（炮）灭火。

1. 直接供水的条件

当水源与火场之间的距离在消防车（泵）单车供水能力范围内时，消防车（泵）应就近停靠在水源周边吸水，铺设水带直接出水枪（炮）灭火；当到场消防车总载水量足以扑灭初期火灾时，消防车可靠近燃烧区，消防人员铺设水带直接出水枪（炮）灭火。

2. 直接供水的形式

消防车（泵）直接供水，应根据消防车的性能采用单干线1支水枪、单干线2支水枪、双干线2支水枪、双干线3支水枪、手抬机动消防泵吸水出水枪灭火等形式。

（二）接力供水

消防车（泵）接力供水是指火场供水消防车（泵）利用火场附近的消防水源通过水带向火场灭火消防车供水，由灭火消防车接出水枪（炮）灭火。

1. 接力供水的条件

当火场附近有消火栓或其他可以使用的水源，消防车不需要到较远的地方去加水时，供水消防车可以使用消火栓或采用其他技术措施取水，向灭火消防车供水；当火场燃烧面积大，灭火用水量较大，需要长时间不间断供水时，可利用接力供水的方式确保稳定供水。

在水带数量充足或有利于铺设水带的情况下，水源离火场的距离超过1000米时也可采用串联供水的方法。在需要提高普通水罐（低压泵）消防车出水口的压力时，也可采用接力供水的方式。

2. 接力供水的形式

接力供水有串联供水和水泵耦合供水两种形式。

（1）串联供水。

当水源距离火场超过消防车的单车供水能力时，可以利用若干辆消防车分别间隔一段距离停放在供水线路上，由后车向前车依次连接水带，通过水泵加压将水输送到前车水罐内，没有水罐的消防车，将水带与集水器连接到前车的进水口上，供前车出水枪灭火。供水干线应尽量使用大口径水带。

（2）水泵耦合供水。

当火灾现场的高度或燃烧距离超过普通水罐消防车的供水高度或供水距离时，可利用若干辆消防车或消防车与手抬机动消防泵进行耦合供水，提高前车泵压，将水供到高处或远处。

（三）运水供水

1. 运水供水的条件

当火场附近没有消火栓或其他可以使用的水源，或火场燃烧面积较大，灭火用水量较多，火灾现场附近水源供应不足，消防车需要到较远的地方去加水时，可采用运水供水的方法。

当消防队配备有大容量水罐消防车，火场周围交通道路、水源情况便于运水，或火灾现场环境复杂，不便于远距离铺设水带供水时，应采用运水供水的方法。

2. 运水供水的形式

利用若干辆消防水罐车、洒水车、运输液体的罐车等，从水源地处加水运送到前方的灭火消防车供出水灭火。

（四）排吸器引水与移动泵供水

1. 排吸器引水供水

消防车距水源 8 米以外无法靠近，或超过消防车吸水深度，水温超过 60℃影响真空度时，可使用排吸器与消防车、移动消防泵联合取水，向前方供水。

2. 浮艇泵吸水供水

消防车距水源 8 米以外无法靠近，或超过消防车吸水深度以及水源较浅、消防车难以进行吸水操作的情况下，可利用浮艇泵吸水为消防车供水。浮艇泵吸水时，水源深度需保证在 75 毫米以上。

3. 手抬机动消防泵吸水供水

消防车距水源 8 米以外无法靠近，或超过消防车吸水深度时，可利用手抬机动消防泵为消防车供水。

三、火场供水的要求

（一）选准停车位置

火场指挥员应正确选择供水消防车的停靠位置，以避免意外事故的发生。具体要求如下。

（1）消防车停靠在天然水源处吸水供水时，为防止车辆溜滑下水或陷入泥淖中，必须用石块、木板等铺垫在车轮下。

（2）扑救易燃、易爆物品，储罐和大面积易燃建筑区域火灾时，供水消防车要选择上风或侧上风方向的停车位置，车头朝向便于消防车撤离的方向。

（3）在扑救高层建筑火灾时，直接供水的消防车应在距离着火建筑物 30 米以外的位置停放。

（二）保证灭火用水量

当火灾现场规模较大或缺水地区发生火灾，车载水能力不能满足灭火需要时，火场指挥员应根据实际情况调集力量，采取合理使用水源、节约用水等措施确保灭火用水量。

1. 加强首批出动供水力量

消防通信指挥中心根据报警情况和火灾现场的已知情况，初步确定调派供水和灭火车辆的数量、种类。

（1）水源缺乏地区发生火灾时，消防通信指挥中心应调集重型水罐消防车以及中低压泵、高低压泵水罐消防车等出动灭火。

（2）在城市郊区、农村发生火灾时，消防车应配备手抬机动消防泵、浮艇泵、排吸器等吸水器材，以利于从天然水源就地取水。

2. 及时调集增援力量

火场指挥员到场后根据火灾现场的情况，确定需要调集的供水消防车辆的数量和种类。

3. 合理使用消防水源

根据火场消防水源的情况，合理选择供水方法。例如，消防车、消防泵利用消火栓供水时，必须根据市政管网的形式、直径和压力情况，确定使用消防车、泵的数量，防止超量使用，造成整段管网的消火栓不能供水。

4.保证主要方面灭火用水

由于火灾现场用水量大,首批到场力量难以保证灭火用水时,火场指挥员在确保火场主要方面灭火用水的同时,应尽量减少水枪数量,节约用水,为增援力量到场供水争取时间。

第七节 疏散与保护物资

疏散与保护物资是指消防员在灭火作战行动中应采用各种方法将受到火势直接威胁的物资疏散到安全地带,或用冷却、遮盖等方法将物资就地保护起来的作战行动。

一、需要疏散和保护的物资

火场中需要疏散和保护的物资,应根据物资的重要程度、危险性、对灭火行动的影响大小及其价值来确定。

(一)受到火势直接威胁的物资

当不能立即控制火势时,在燃烧区域内和火势蔓延方向上的重要物资应当予以及时疏散,无法疏散的物资应当就地加以保护;火场内有易燃易爆物品或贵重仪器设备、档案资料及珍贵文物等物资时,应当首先予以疏散,无法疏散的物资应当就地加以保护。

（二）妨碍灭火作战行动的物资

妨碍或影响火情侦察、火场救人、灭火、破拆、排烟等灭火作战行动的物资，应及时予以疏散或转移，为灭火作战行动的顺利展开创造有利条件。

（三）超过建（构）筑物承重能力的物资

建（构）筑物火灾在持续一段时间后，会导致建（构）筑物的承重能力下降或失去承重能力，在内部物资的重压下会造成建（构）筑物垮塌，因此应迅速将物资疏散到建（构）筑物外的安全地带。

因着火建（构）筑物内存放的物资被灭火水流浸湿后的重量急剧增加，使建（构）筑物内单位面积承受的重量随之急剧增加。当楼板、支撑柱荷载过量时，建（构）筑物就有倒塌的危险，因此应迅速将物资疏散到建筑物外的安全地带。

（四）隔离带上的物资

及时疏散、转移火势蔓延方向及其两侧的物资，开辟灭火隔离带，是阻止火势蔓延扩大的有效方法。

（五）需要就地保护的物资

对体积大、重量大，靠人力无法移动的贵重机械设备，或不能移动、移动后容易造成损坏的贵重物资，在火势发展迅猛、来不及疏散时，需要就地加以保护。

二、疏散物资的方法

火场上疏散物资,必须有组织地进行,具体工作应由失火单位的人员和消防人员统一组织实施。疏散物资时,应明确疏散方法、顺序、路线和存放地点等,根据火场需要采取不同的疏散方法。

(一)人工传递疏散

在疏散距离长、物资多且疏散人员有限的情况下,为减少疏散人员的体力消耗,避免长距离负重作业,可采取人工传递的疏散方法,将物资逐步疏散至安全地点。

(二)机械搬运疏散

为加快物资疏散速度,可调用附近可利用的电瓶车、板车、铲车、叉车、电梯、吊车、起重机和汽车等设备,进行装卸搬运,以迅速疏散物资,减少火灾损失。

(三)安全绳疏散

当正常疏散通道受阻,如消防电梯故障,疏散楼梯被烟火封锁时,可先利用安全绳在室内将物资固定牢固,然后把捆扎包装好的物资挂在安全绳上,在导引绳的控制下,安全滑向室外或地面疏散通道。

(四)举高类消防车疏散

在高层建筑火灾扑救中,当建筑内部的疏散通道无法使用时,可利用举高类消防车将方便搬运的物资疏散到安全地带。

（五）管道倒罐疏散

易燃液体、可燃气体储罐着火时，在确定安全的前提下，可利用罐区的管道、固定泵，把着火罐或其邻近罐内的物料倒罐到安全的储罐或容器内，完成后迅速关闭连通阀门，以确保安全。

（六）紧急情况下的物资疏散

在物资疏散过程中，当火场火势发生突变时，可先将来不及疏散的物资转移到邻近相对安全的区域，以争取时间，之后再往其他地点转移。

三、保护物资的方法

在灭火作战行动中，对于难以疏散的贵重物资，必须采取有效措施，予以就地保护。根据火场需要采取不同的保护方法。

（一）堵截火势保护物资

对于固定的大型机械设备或无法及时疏散的物资，在其受到火势威胁时，应采用喷射雾状水流或设置水幕等方法阻止火势向其蔓延，从而达到保护物资的目的。

（二）用水冷却保护物资

采取冷却降温的方法保护物资时，可利用火场的固定喷淋系统或利用喷射雾状水流和设置水幕等方法实施冷却保护；对于受到火势威胁又无法实施管道疏散的油、气储罐，可以用固定冷却系统或大流量、不间断的水枪（炮）射流实施冷却保护。

（三）用泡沫或不燃材料保护物资

当被保护物资不能用水冷却时，可用不燃或难燃材料予以覆盖；对于易燃、可燃液体，可喷射泡沫或用沙土、泥土、石灰、水泥等予以覆盖；对于忌水渍、烟熏、灰尘污染的物资，如香烟、布匹、纸张、粮食、家用电器等，应用苫布等进行遮盖防护。

（四）开辟防火隔离带保护物资

对于毗邻建筑密集的平房区、棚户区或大面积堆场火灾，为减少火灾损失，可利用破拆工具以及推土机、铲车等工程机械拆除易燃结构，形成防火隔离带以阻止火势蔓延，从而达到保护物资的目的。

四、疏散与保护物资的要求

疏散和保护物资的技术要求高，且具有一定的危险性，实施中必须认真组织，科学实施。

（一）疏散物资的要求

疏散物资时应遵循以下要求。

（1）在灭火作战行动中，应首先疏散受烟火和灭火用水威胁最大的物资，采取必要的手段保证物资疏散通道安全。

（2）疏散出来的物资应堆放在不受火势威胁的相对安全的区域，如火场的上风方向、火场地势较高的地方。必要时，应在有关单位工程技术人员的协助下选择堆放物资的安全区域。

（3）疏散易碎、易损、易燃、易爆等的物资时，应避免不应有的损坏或引起爆炸燃烧，做到轻拿轻放。

（4）危险化学品与已经泄漏的桶装液体，在没有可靠的安全措施的情况下，不能盲目疏散。利用管道输转易燃可燃气体、液体时，应当由着火单位的工程技术人员实施。

（5）从火场中直接疏散出来的物资，一定要经过严格的检查，防止其间夹带火星导致不必要的损失。

（6）疏散物资时，应在不影响火场主要方面灭火作战行动的前提下，利用一切可以利用的手段和疏散通道进行疏散。

（7）疏散出来的物资，应移交失火单位或指定专人看管，及时进行清点、登记，防止损坏和丢失。

（8）疏散物资时，要做好疏散人员的安全防护，统一组织实施，严防事故发生。

（二）保护物资的要求

保护物资时应遵循以下要求。

（1）应根据被保护物资的性质和所处环境认真分析，确定冷却、覆盖等具体的保护方法，避免因方法不当使被保护物资受到人为损坏。

（2）在采用不燃材料（如黄沙、泥土等材料）遮盖保护物资时，应尽量避免对物资和环境造成污染与损害。

（3）堵截火势保护物资时，应采取措施防止对物资造成水渍损失。

第八节　火场破拆

火场破拆是消防员在灭火作战行动中为控制火势蔓延、展开火情侦察、营救被困人员、疏散物资或扑灭火源等，对建（构）筑物及其构件进行局部或全部拆除的灭火作战行动。

一、火场破拆的目的

灭火作战行动中，消防员实施破拆主要是为了进行准确的火情侦察、抢救人命、疏散保护物资及控制火势发展。

（一）迅速查明火情

在火场烟雾浓、无法发现火源，或进入火场内部的通道被阻塞的情况下，为迅速找到火源、实施火情侦察，应对建（构）筑物的可疑部位或构件（如门窗、空心墙体、闷顶、地板、管道等）进行局部破拆，以迅速查明火情。

（二）开辟救人通道

火场上消防员为了赢得时间，快速抢救人命，可采取多种技术手段和措施，破拆阻碍救人的建（构）筑物构件，迅速开辟救人通道。

（三）疏散物资

火场上消防员为了迅速疏散受火势威胁的物资，可采取多种技术手段和措施，破拆阻碍疏散物资的建（构）筑物构件，开辟通道。

（四）充分发挥灭火剂的效能

消防员为了迅速接近着火点，将灭火剂喷射到燃烧物体上，或冷却受火势威胁的物体，有效发挥灭火剂的最大效能，可对阻碍消防员或消防车行动的建（构）筑物或构件等障碍物（如墙体、闷顶、门窗等）进行局部破拆。

（五）阻截火势蔓延

当火势燃烧猛烈、蔓延速度快、不破拆难以控制火势并有可能造成重大损失时，可破拆火势蔓延的正前方或两侧的适当位置的建（构）筑物，必要时，可调集大型工程机械，如推土机、挖掘机、铲车等协助拆除建（构）筑物，开辟防火隔离带，阻截火势蔓延。

（六）消除建（构）筑物倒塌的威胁

当燃烧的建（构）筑物及其构件（如墙体、天花板、吊顶等）有潜在的倒塌、坠落的可能，直接威胁消防员的人身安全，影响灭火作战进程时，应对可能倒塌或坠落的建（构）筑物及其构件进行破拆，以消除其倒塌或坠落的潜在威胁。

（七）排除烟雾和有毒气体

发生火灾时，聚集在建（构）筑物内部的烟雾和有毒气体如果不能及时排除，会严重威胁到被困人员的人身安全，影响消防员的行动。消防员可根据燃烧范围和火势蔓延情况，选择适当的时机和部位（如门、窗和房顶）进行破拆，利用建筑物本身的空气对流，迅速排除烟雾，提高作战区域的能见度，减少有毒气体对施救人员的威胁。

（八）改变火势蔓延和烟雾流动方向

为了延缓火势蔓延速度，改变火势蔓延方向和烟雾流动方向，为灭火作战行动创造有利条件，消防员可选择适当部位进行破拆。

（九）排除火场积水

在火场上，往往由于长时间灭火作战，导致建（构）筑物内大量积水。为减少和避免积水浸泡带来的损失，消防员在清理火灾现场时，可在不破坏建筑整体结构的前提下，选择相对低洼的部位进行破拆，形成排水孔洞或沟槽，排除积水。

二、火场破拆的方法

实施火场破拆时，消防员应根据破拆对象的结构特征，选择适当的方法和破拆器材，快速有效地予以破拆，为灭火作战行动的顺利进行创造有利条件。

（一）撬砸法

撬砸法是指消防员使用铁铤、腰斧、撬杠、大锤等简易破拆工具进行破拆的一种方法，主要用来打开锁住的门、窗，撬开地板、轻体墙等建筑构件。

（二）拉拽法

拉拽法是指消防员利用安全绳、钢丝绳等各种绳索以及消防钩、镐等简易器材工具进行破拆的一种方法。当需要拉倒简易建（构）筑物时，可用绳索系住建（构）筑物的承重构件，用人力或汽车等机械设备拉拽；需要破拆房屋吊顶时，也可用消防钩、镐等工具拉拽。

（三）切割法

切割法是指消防员使用机动链锯、无齿锯、剪切钳、氧气或等离子切割器、气动切割刀等功效较高的破拆器具进行破拆的一种方法。它适用于破拆汽车、船舶、飞机等高强度合金材料以及高强度玻璃、钢质门窗等硬度较大的材料。

（四）冲撞法

冲撞法是指依靠外界瞬间强力冲击作用来击破墙体、门窗进行破拆的一种方法。例如，使用圆木撞击门窗，使用凿岩机撞击水泥地面或墙体，使用举高破拆消防车高端冲击锤撞击建筑外窗玻璃，等等。

（五）顶撑法

顶撑法是指使用气动起重气垫，液压式、气压式扩张器具，机械式、手动式支撑器具等进行破拆的一种方法。它适用于破拆已经倒塌的建（构）筑物，或在狭窄空间范围进行人员救助，或用支撑器具顶住、撑开建筑构件或坍塌的作业面，开辟救人和进攻通道。

（六）爆破法

爆破法是指利用炸药等爆破器材进行破拆的一种方法。它适用于大体积破拆，如拆除楼房、大跨度厂房等建（构）筑物。

（七）机械拆除法

机械拆除法是指使用推土机、铲车、吊车等大型工程机械设备和工具进行破拆的一种方法。它适用于大面积建（构）筑物的拆除或开辟灭火隔离带。

三、火场破拆部位的确定

火场破拆部位的确定，应根据火灾现场的实际情况，以满足消防员完成火情侦察、灭火、救人、疏散物资、阻止火势蔓延等战斗行动的需要为前提。

（一）根据灭火战斗行动的需要确定破拆部位

消防员可以对影响和妨碍火情侦察、抢救被困人员、灭火进攻、疏散物资等灭火战斗行动的障碍物进行破拆，且破拆后不能对灭火战斗行动产生不利影响。

（二）根据阻止火势发展蔓延的战术需要确定破拆部位

当火场火势发展猛烈、迅速，短时间内难以有效控制时，消防员可以选择在火势发展的主要方向及两侧的建（构）筑物上确定破拆部位，从而起到开辟隔离带，阻隔火势蔓延的目的。

（三）根据消除潜在危险的需要确定破拆部位

为消除潜在危险，保证作战安全，应对具有直接威胁消防员灭火作战行动安全潜在危险的建（构）筑物，及时进行破拆。

（四）根据有效控制和消灭火势的战斗需要确定破拆部位

为达到有效控制和消灭火势的目的，消防员可根据着火部位、燃烧范围及火势蔓延的方向确定破拆部位。

（五）根据建（构）筑物及管道设备的结构确定破拆部位

在破拆建（构）筑物内部构件时，应首先确认建（构）筑物承重结构，防止误拆承重构件造成建（构）筑物倒塌。在对有各种管道设备的建（构）筑物内部进行破拆时，破拆部位的选择应尽量避开管道设备，避免因破拆造成管道损坏，引起易燃气体、有毒物质泄漏，或影响通信、供电、供气。

四、火场破拆的要求

火场破拆应遵循以下要求。

（1）在实施破拆时，应充分做好个人安全防护，避免因破拆方法不当或防护不力造成不必要的伤害；必要时，要设置水枪掩护破拆行动的实施，保证破拆行动安全顺利地进行。在高处破拆时，应设置警戒，防止无关人员进入现场，并安排专人负责观察，防止坠落物伤人。

（2）在破拆建（构）筑物内部构件时，要先确认建筑结构形式，防止误拆承重构件而导致建（构）筑物垮塌；对于建（构）筑物内部的各种管道，破拆时应予以保护，防止误拆导致管道泄漏，影响灭火作战行动的顺利进行。

（3）在实施破拆时，对于破拆点周围的物资要采取相应的保护措施，防止在破拆时造成不必要的损失；要尽可能缩小破拆范围以及破拆建筑构件的数量，以减少因破拆不当造成的损失。

（4）任务完成后，破拆小组要及时将任务的完成情况向火场指挥部或火场指挥员报告。

第九节　火场排烟

火场排烟是指在火场为排除建（构）筑物内因燃烧产生的高温烟气等空间漂浮物而进行的作战行动。其目的在于提高火场能见度，排除爆炸性混合气体，减少高温毒气的危害，有效地控制火势蔓延，提高救人、灭火效率。

一、火场排烟方法

火场排烟主要的方法有自然排烟、人工排烟、机械排烟等。

（一）自然排烟

自然排烟是指根据热烟气和冷空气对流运动的原理，利用火灾产生的烟雾气流的浮力和外部气象条件作用，通过建（构）筑物的对外开口把烟气排至室外，或利用建（构）筑物本身的排烟竖井、排烟道（塔）、普通电梯井或楼梯间，从顶部排烟口或窗口将热气流和烟雾排除的一种排烟方式。

在自然排烟中，烟气排出口可以是建（构）筑物的外窗，也可以是专门设置在侧墙上部的排烟口，部分高层建筑还设有专用的通风排烟竖井。排烟时应将上风方向的下窗开启,将下风方向的上窗开启,利用风力加快排烟速度。为了防止因排烟造成火势蔓延,在实施排烟操作时要提前在有着火危险的部位部署一定的灭火力量加以防御,也可以预先清除可能造成火势蔓延的可燃物,或预先用水枪射流将可燃物浇湿,切实做好阻止火势蔓延的准备。

(二)人工排烟

人工排烟,是指通过消防员的人为排烟行动将室内的烟气经过空气对流和热压作用排到室外的一种排烟方法。

1. 破拆建筑结构排烟

火场上,烟雾聚集在建筑物室内无法排出时,消防员可通过破拆部分建筑结构将烟雾排除。破拆点可选择在建筑物的门、窗、外墙或屋顶的适当位置。在对屋顶进行破拆时,为使燃烧范围相对集中,应尽量在着火点的上方屋顶或接近着火点的上方屋顶开口,如在偏离燃烧位置的其他部位开孔,有可能助长火势蔓延。为阻止火势蔓延,设在下风方位的水枪阵地可在阵地前方的屋顶开一个排烟口,以减弱浓烟对作战人员的熏呛。

破拆建(构)筑结构排烟应注意以下几点。

(1)尽量利用屋顶出口,如屋顶天窗、老虎窗、通风口、屋顶楼梯门等部位进行破拆。

(2)破拆时要密切注意观察风向,保证破拆人员位于上风或侧上风方向。

(3)在对屋顶进行破拆时,必须落实好安全保护措施,防止作业人员从屋顶滑落,同时要做好紧急情况下的应急撤离准备。

(4)开排烟口时,一般情况下只需开一个大的排烟孔,而不宜开出多个小孔。

（5）使用动力工具时，应先在地面进行试用，以保证在高处作业时可正常使用。在将动力工具吊上屋顶前应切断动力，停止其运转。

（6）严防破拆时损伤建（构）筑物的承重构件。

（7）屋顶破拆的排烟孔应派人看守，防止有人员不慎从排烟孔掉入建筑物内。

（8）消防员在实施屋顶破拆时，要和地面及建筑物内部执行其他灭火作战任务的人员保持密切联系，相互照应。

（9）消防员实施破拆行动时，要有专人严密观察建筑结构的稳定性，防止出现坍塌造成人员伤亡事故。

2. 使用喷雾水流排烟

雾状射流喷射面大，在向火场推进时引入的新鲜空气多，形成空气对流，对烟雾有顶推作用；同时，雾状射流水雾颗粒小，吸热量大，汽化程度高，冷却降温效果好，有利于掩护消防员实施救人和灭火。

依据水枪的数量和组合方式，可将喷雾射流排烟分为单支喷雾水枪排烟和多支喷雾水枪组合排烟两种类型。在利用喷雾水枪排烟时，要注意控制喷射压力和水流喷射角度。火势大时，要设置一定数量的直流水枪，防止火势扩大，以达到排烟、灭火同步进行的目的。

（三）机械排烟

机械排烟，是利用固定排烟设备或移动排烟装备，把着火建筑内的烟气通过排烟口排到室外，是通过机械力强制排烟与送风来排除火灾烟气的一种排烟方式。送风和排烟可全部借助机械力作用实现，也可一个借助机械力的作用实现，另一个借助自然通风或排烟作用实现。对于高层、地下建（构）筑物火灾，尤其是地下建（构）筑物火灾，采用机械排烟是比较有效的方法之一。

1. 固定设备排烟

固定设备排烟有自动、手动机械排烟，正压机械送风排烟，通风、空调系统排烟三种方式。

（1）自动、手动机械排烟。

在有些高层建筑或地下建（构）筑物的防烟楼梯间前室、消防电梯前室及合用前室，设有机械排烟竖井或排烟口。排烟口设在前室内靠入口的墙面上部，各层前室的排烟口和进风口都设置有自动或手动开启装置，且与排烟风机联动，当任何一个排烟口开启时，排烟风机自动启动，将烟气排出。

对于不允许采用自然排烟的无窗房间或地下室等，可采取机械排烟方法，即利用设置在防烟分区内的走道、房间等部位的排烟口（平时处于关闭状态，发生火灾时自动开启，也可手动开启）将烟排出。

（2）正压机械送风排烟。

向楼梯间及其前室、消防电梯前室或合用前室送风，使楼梯间及其前室、消防电梯前室或合用前室形成25Pa～50Pa（帕）压力，以阻止走道内的烟雾流向楼梯间及其前室、消防电梯前室或合用前室。一般情况下，楼梯间的正压力值大于前室或合用前室的压力值，而前室的正压力值又大于走道的压力值，但其压力差不应大于50Pa，以利于消防人员顺利开启疏散门。

（3）通风、空调系统排烟。

如果建筑物的通风、空调系统是按排烟要求设计的，并有自动切换装置，也可以利用通风、空调系统排烟。

2. 移动装备排烟

移动装备排烟有移动排烟机排烟、排烟消防车排烟、排烟降尘装备排烟三种方式。

（1）移动排烟机排烟。

一般利用离心式排烟机排烟，而以轴流式排烟机送风，以加快排烟的速度。对地下建（构）筑物火场排烟，在只有一个出入口时，用一台排烟机接上送风管后，在靠近地面处往里送风，用另一台排烟机接上排烟管后，在靠近顶棚处往外抽吸烟气；有两个以上出入口时，首先必须找到自然形成的进风口和出风口，进风口送风，出风口排烟，并在排烟处设置开花水枪或喷雾水枪冷却热烟气，但不得破坏自然形成的烟气流向。

在使用移动排烟机排烟时，应注意以下几点。

①排烟机须安装在下风向。

②送风机应安装在上风方向位置较低的入口处。

③清除不便于排烟的障碍物。

④在易燃气体场所排烟时，应采用防爆电动机为动力，并用电缆连接输电。

（2）排烟消防车排烟。

排烟消防车主风机固定在消防车底盘上，利用汽车本身的动力直接驱动风机进行排烟。排烟消防车上备有分别为主、辅风机配套的排烟管，但因受排烟管长度和现场环境影响以及车辆停靠位置的限制，缩小了大功率排烟消防车的使用范围。排烟消防车对地下建（构）筑物、地上低层建（构）筑物火场排烟效果较好。

（3）排烟降尘装备排烟。

排烟降尘装备排烟主要是利用遥控微型水雾排烟消防车、水驱动排烟风机等移动消防排烟装备喷射高压雾状水来排除烟雾、灰尘的一种排烟方法。在地铁、隧道以及大空间、大跨度建筑内含有高浓度烟雾和大量灰尘的、相对较为封闭的火场，用高压喷雾水驱烟降尘有很好的效果。它具有使用方便、移动灵活等特点。排烟降尘装备应用于可燃气体、有毒气体泄漏场所的现场驱散、稀释也有很好的效果。

二、火场排烟的要求

火场排烟难度大，要求高，并潜在火势蔓延的危险。因此，在实施排烟行动时，应注意以下问题。

（一）与火灾单位共同确定排烟方式

在使用固定排烟设施排烟时，应与火灾单位的技术人员共同确定排烟方式、方法和时间；在任务明确、各部位人员落实后方可实施。

（二）做好射水准备

在实施火场排烟前，应做好以下射水准备。

（1）在开启门窗进行排烟时，应用雾状水流进行掩护，以消除发生爆燃的威胁。

（2）应在排烟口周围设置必要的防御措施，防止高温烟气排出时危及上层房间或毗邻建（构）筑物，造成火势蔓延。

（三）加强自身安全防护

担负排烟任务的消防员，应加强自身安全防护，按要求穿着防护服装，佩戴呼吸保护器具，必要时设置水枪喷射开花射流或雾状射流实施掩护，并切实做好通信联络保障工作；在开窗排烟时，应位于排烟窗的侧面或下面。

（四）防止"中性层"下移

多层建筑火灾和高层建筑火灾会在室内形成火灾烟气"中性层"。为了防止"中性层"下移，增加火灾烟气危害，使火势扩大蔓延，排烟时不应在着火房间下部或着火层以下部位开口（包括开启门窗），应在着火房间顶部和着火层以上楼层开口，将烟气排出。

第十节 火场照明

火场照明是指消防人员在室外黑夜、室内浓烟、无自然采光的建（构）筑物内，为了提高火场作业能见度，提高救人、灭火效率而采取的行动措施。火场照明常与其他作战行动协同实施，并对其他灭火作战行动起到保障作用。

一、需要实施火场照明的部位

根据火场实际情况，确定需要实施火场照明的部位。通常以下部位需要实施火场照明。

（一）疏散路线

疏散路线是指人员疏散的路线全程，包括疏散走道、楼梯间、前室、内走道、出口等。

（二）作战区域

作战区域是指实施侦察、救人、内攻、破拆等战斗行动的通行线路和作战区域。

（三）被困人员可能所处的区域

被困人员可能所处的区域是指被困人员所处或者可能所处的区域。

（四）需要安全照明的部位

需要安全照明的部位，是指正常电源突然中断将导致人员伤亡的潜在危险场所和部位。例如，黑暗中可能导致人员撞伤、灼伤，或者可能发生爆炸、火灾、中毒等事故的场所，医院中的手术室、急救室，人员密集且不熟悉建筑内部环境，照明熄灭容易引起惊恐而导致伤亡的场所，等等。

（五）其他需要实施火场照明的部位

其他需要实施火场照明的部位包括火场指挥部、火场警戒出入口、人员避难场所、消防控制室、银行、商场的贵重物品售货区、收银台、自选商场等场所。

二、火场照明的方式

根据照明光源的不同，火场照明分为建筑应急照明、架线照明、照明消防车照明等多种方式。

（一）建筑应急照明

当发生火灾的建筑设有应急照明系统，且应急照明系统完整好用时，应当将建筑应急照明作为火场照明。该方法适用于满足建筑内部疏散或局部照明的需求。

（二）架线照明

架线照明即由电力单位临时架设供电线路，安装照明灯具，实施火场照明。该方法适用于满足建筑外部、大范围、空旷区域且持续时间长的照明需求。

（三）照明消防车照明

照明消防车照明是指使用照明消防车或其他具有照明功能的消防车辆，如应急救援消防车、防化洗消车等实施火场照明。该方法适用于满足建筑内部、外部、较大范围、空旷区域且持续时间较长的照明需求。

（四）移动式灯具照明

移动式灯具照明即使用各种移动式灯具实施火场照明。该方法适用于满足在作战行动中，建筑应急照明无法覆盖的区域或照明车移动灯无法到达区域以及其他机动用途，且范围较小、持续时间较短的照明需求。

（五）便携式灯具照明

便携式灯具照明是指使用手提式、头戴式、肩挎式等便携式灯具实施火场照明。该方法主要适用于满足消防员作战行动中的照明、联络需求，但连续工作时间较短。

（六）其他照明

其他照明是指在现场照明设备无法满足或者不足以满足需求时，就地取材，临时采取的照明措施。例如，利用城市景观照明、市政照明、邻近单位照明、车辆照明等作为火场照明。

三、火场照明的要求

（一）按照程序、要求操作照明设备

操作照明设备时应遵照以下程序、要求进行：在使用前检查照明设备有无损坏；在发电机发电之前或者在引入外来电源之前，必须使接地装置可靠接地，防止发生漏电，以确保安全；各条线路和照明灯具要正确连接线路，连接处保持牢固，不得松脱；避开现场上方架空电线及障碍物；等等。

（二）照明光源的位置和亮度要适宜

火场照明应采取顶部采光或者背后采光方式，光源位于消防人员的上方或后方，并远离可燃物，应尽量避免光源（特别是照度高的灯具，如照明消防车的主灯）直射现场人员的眼睛；疏散照明灯应沿疏散走道均匀分布，尽量布置在走道拐弯处、交叉处、地面高度变化处以及疏散楼梯间、防烟楼梯间、电梯间及其前室等处；安全照明一般具有方向性，可以在满足方向性要求的基础上，只为某一个或几个工作面实施照明。

所有照明的亮度要适宜，避免发生眩光现象（在一个照明环境中，当某光源或物体的亮度比眼睛已适应的亮度大得多时而产生炫目或耀眼感觉的现象）。

（三）尽量使用建筑应急照明

在现场电力供应未中断，人员未完全疏散、正常照明线路未出现短路时，应尽量将建筑应急照明作为火场照明的首选。

（四）落实安全措施

现场风力大时，应适当降低照明消防车主灯的升起高度；大雨情况下，对照明消防车主灯应做好挡雨措施，但遮挡物不可直接覆盖在主灯上；照明消防车在工作状态时不能加油；供电线路绝缘层破损，导线金属芯裸露时，应立即用绝缘胶布包裹；照明线路要靠一侧铺设，在容易发生线路损坏的火场要采取措施保护线路（如护套、包带、槽盒等），连接处等薄弱环节要特别注意防水。

（五）火场照明要确保重点

在照明设备不足或者照度不足时，应将主要的照明设备集中于火场主要方面，如疏散人员以及内部搜索、侦察等作战行动。

第十一节　战斗结束

战斗结束是灭火作战行动的最后一个环节，包括检查现场、清点人员和器材、移交现场和归队以及恢复战备等内容。

一、检查现场

火灾扑灭后，中队火场指挥员应率各作战班长对现场进行全面细致的检查，消除残火，排除隐患，防止发生复燃。

（一）建（构）筑物火灾

应对建（构）筑物的过火部位和构件，如闷顶、空心墙、地板、通风管道、保温层、电梯井等，翻扒被压埋在瓦砾灰烬中的可燃物质，尤其是棉被、木制家具等，看是否有余火和阴燃，发现后及时扑灭。

（二）物资堆场火灾

过火的物资要逐垛逐件（包、箱、捆、袋）地翻扒，用水浇灭内部的阴燃后搬运至安全处，由受灾单位继续观察看守。

（三）液（气）体储罐火灾

储罐火灾扑灭后，应用侦检器材监测空气中的可燃气体浓度以及着火储罐、邻近储罐的温度。

（四）石油化工装置火灾

对燃烧区内的生产设备、釜、塔、管、线和容器等进行检查，看是否仍有会引起燃烧或其他危害的跑、冒、滴、漏现象，以便及时采取相应的处置措施。

（五）大风天火灾

应检查火场下（侧）风方向有无被热辐射或飞火引燃的可燃物质、建（构）筑物等，检查距离应根据风力等级视情况延长。

二、清点人员和器材

战斗结束后，火场最高指挥员应下达清点人员和器材的命令。参战人员要准确、迅速地完成清点人员和归放器材的工作。各参战消防队和战斗班在接到命令前不得自行收拾器材，擅自返回。

（1）在接到上级下达的清点人员和器材的命令后，各战斗班长负责清点本班（车）人员，战斗员将各自分工保管的器材归放到消防车上。火场上损坏或需要维修的器材，归队后予以更换。

（2）各班清点完毕后，执勤队长集合本中队人员，进行人员、器材数量核对，如发现消防员和器材缺失，要立即组织人员寻找。

（3）将灭火使用过的水泵接合器、消火栓的出水阀和闷盖等拧紧，恢复原状。

（4）由各消防队执勤队长向上级指挥员报告人员、器材清点检查情况。

三、移交现场和归队

（一）移交现场

火灾现场清理完成后，应向公安机关或受灾单位负责人移交现场，并交代有关要求和注意事项。

（二）归队

归队有集中归队、分批归队两种形式。

（1）归队前的检查。归队前要检查所属人员是否全部登车，随车器材放置是否牢固，器材箱门是否关闭，等等。

（2）归队时的行车队形。消防车通常应按出动队形原路返回，途中应保持与消防通信指挥中心和其他出动车辆的通信联络畅通。

（3）归队途中遇有新的火场时的情况处理。归队途中若遇有新的火场，应立即进行扑救，并报告消防通信指挥中心。若燃料油、灭火剂和水带等器材不足，应及时请求增援。

（4）归队后应及时向消防通信指挥中心报告。

四、恢复战备

归队后，应立即组织消防员按照各自的任务分工检查保养消防车辆，补充油、水、电、气和灭火剂，清洗消防车（泵），维护保养器材，恢复执勤战备状态；同时根据人员和车辆状况，充实或调整执勤号员，并对执勤战备状态的恢复情况进行检查。

（1）灭火作战归队后，消防车驾驶员应及时维护保养消防车辆，补充油、水、电、气和灭火剂，使消防车迅速恢复执勤状态。

（2）灭火作战结束后，消防员应对使用过的器材装备进行检查保养，损坏的进行维修，无法修复的予以更换。

（3）消防中（大、支）队恢复执勤战备工作后，应及时向主管领导和消防通信指挥中心报告。

7

第七章

火场疏散逃生

第一节　安全疏散

在火灾情况下，当大火威胁着在场人员的生命安全时，保存生命、迅速逃离危险境地就成为人的第一需要。此时，火场上人员的正确引导、安全疏散成为关键。

一、疏散与逃生的概念

疏散是指火灾时建筑物内的人员从各自不同的位置做出迅速反应，通过专门的设施和路线撤离着火区域，到达室外安全区域的行动。疏散是一种有序地撤离危险区域的行动，有时会有引导员指挥疏导。建筑物失火后，首要的问题是被困人员应能及时、顺利地到达地面安全区域。

火灾中人的疏散流动过程一般遵循以下规则。

（一）目标规则

目标规则即疏散人员可以根据火灾事故状态的变化，克服疏散行动过程中所遇到的各种障碍，及时调整自己的行动目标，不断尝试并努力保持最优的疏散运动方式，向既定的安全目标移动。

（二）约束规则

约束规则即疏散人员会不断调整自己的行为决策，以使自身受到的约束和障碍程度降至最低，争取在最短的时间内达到当前的安全目标。

（三）运动规则

运动规则即疏散人员会根据疏散过程中所接收和反馈的各种信息，不断调整自己的疏散行动目标和疏散运动方式，以最快的疏散速度、在最短的时间内向最终的目标疏散。

逃生即是为了逃脱危险境地，以求保全生命或生存所采取的行为或行动。

一般而言，疏散是一种有序的、人群流动的行为，目的性、方向性、路线性、秩序性、群体性很强，而不是盲目的、杂乱无章的，通常这种行动要通过制定疏散预案并多次演练才能在实战中达到预期效果。建筑安全疏散的路线设计通常是根据建筑物的特性设定火灾条件，针对火灾和烟气的流动特性及疏散形式的预测，采取一系列符合防火规范的措施，进行适当的安全疏散设施的设置和设计，以提供合理的疏散方法和其他安全防护方法，保证人员具有足够的安全度。逃生行为通常具有目的性，但不一定是有序的、具有方向性的，多半是指个体或为数很少的几个人的行为，很少指人群流动的集体行为。为了逃脱险境，人们所采取的逃生路线是多种多样的，不是固定不变的。在火灾场景下，通常所说的疏散也包含着逃生的意味。

二、火灾时人员安全疏散的判据

（一）火灾时人员安全疏散的条件

火灾时人员安全疏散应具备以下条件。

（1）需保证建筑物内所有人员在可利用的安全疏散时间内，均能撤离到安全的避难场所。

（2）疏散过程中不会由于长时间的高密度人员滞留及通道堵塞等引起群集事故发生。

为此，所有建筑物都必须满足以下四个保证安全疏散的基本条件。

（1）限制使用严重影响疏散的建筑材料等。

（2）制订妥善的疏散及诱导计划。

（3）设有保证安全的疏散通道。

（4）设有保证安全的避难场所。

（二）火灾时人员安全疏散的判断

建筑物发生火灾后，如果人员能在火灾达到危险状态之前全部疏散到安全区域，便可认为该建筑物的防火安全设计对火灾中的人员疏散是安全的。人员能否安全疏散主要取决于两个时间特征：一是从起火时刻到火灾对人员安全构成威胁的时间，即可用安全疏散时间；二是从起火时刻到人员疏散至安全区域的时间，即必需安全疏散时间。

从起火时刻到火灾对人员安全构成威胁的时间，大致由可燃物被点燃、火灾被探测到以及火灾发展到如下火灾危险临界条件的时间构成。

（1）当烟气层界面高于人眼特征高度（通常为112~118厘米）时，上部烟气层的热辐射强度对人体构成威胁（一般烟气温度取180℃）。

（2）当烟气层界面低于人眼特征高度时，人体直接接触的烟气温度超过60℃。

（3）当烟气层界面低于人眼特征高度时，有害燃烧产物的临界浓度达到对人体构成伤害的危险浓度，比较典型的是一氧化碳的浓度达到0.25%。

对于人员密集场所及疏散通道火灾，当烟气层界面低于火灾危险高度时，如果还有人员处于烟气中没有及时疏散，则一般认为整体疏散方案是失败的。

三、影响人员安全疏散的主要因素

（一）烟气层的高度

火灾中的烟气层伴有一定热量、胶质物、固体颗粒及毒性分解物等，是影响人员疏散行动和救援行动的主要因素。在人员疏散过程中，烟气层只有保持在疏散人群头部以上一定高度，才能使人在疏散时不但不会受到热烟气流的辐射热的威胁，还能避免从烟气中穿过。

（二）毒性

火灾中的燃烧产物及其浓度因燃烧物的不同而有所区别。各组分的热分解产物生成量及其分布也比较复杂，不同的组分对人体的毒性影响有较大差异，在消防安全分析预测中很难较为准确地定量描述。

（三）能见度

通常情况下，火灾中烟气浓度越高则可视度就越低，疏散或逃生时人员确定疏散或逃生途径及做出行动决定所需的时间就越长。

（四）人流密度

火灾时，人流密度也是影响人员安全疏散行为和过程的一个至关重要的因素。

人流密度较小时，个人行为特点起主导作用，整个人员流动呈自由流状态，人与人之间的相互约束和影响较小，疏散人员可以根据自己的状态和火灾物理状态，主动对自己的疏散行为以及行动路线、行动速度和目标等物理过程进行调整。人员疏散行动呈现出很大的随机性和主动性。

人流密度较大时，人与人的间距非常小，除个别比较有影响力或权威性的人士之外，个人的行为特征对整个人员流动状态的影响可以忽略不计，整个疏散行动呈现出连续流动状态。现场安全管理难度大，而且多数人缺乏逃生的常识，一旦发生火灾事故，疏散逃生困难，极易造成人员的群死群伤。

四、火场疏散引导方法

（一）火场疏散引导的概念

火场疏散引导，是指在场所发生火灾的紧急情况下，场所工作人员正确引导火灾现场人员向安全区域疏散撤离的言语和行为。

当人员密集场所发生火灾后，为了生存活命，火场人员都想尽快避开可怕的火灾险境，且下意识地会首先想到朝着最熟悉的疏散出口方向、最明亮的地方撤离，此时，由于人员身陷火场会产生惊恐心理，假如没有现场工作人员的正确疏散引导和指挥，往往会导致火灾现场一片混乱，造成安全通道、安全出口拥挤堵塞。哪怕只是很小的惊慌或刺激，都可能引发严重的后果。这种刺激或惊慌通常是为受灾群体中的领头人物所左右的，这时候就需要一个沉着冷静、思维敏捷且富有经验的疏散引导员来充当这个领头人的角色，指挥控制全局，把受灾人员安全地引导疏散至安全地带。

（二）疏散引导的时机

在火场上，何时让人们开始疏散撤离，主要取决于火灾规模大小和起火地点（或部位）远近等具体情况。原则上讲，发生火灾后，应当立即通知现场人员开始实施撤离行动和疏散引导，但对于商场、市场、影剧院、宾馆饭店、公共娱乐场所等人员高度密集的场所火灾，究竟何时开始疏散合适，必须综合考虑起火场所或部位、火灾程度、烟气蔓延扩散情况及灭火施救状况等诸多因素，并在短时间内果断做出判定。

火灾现场负责人负有命令指挥火场救援人员实施疏散引导的职责。在疏散引导的同时，还应积极地组织初起火灾的扑救工作。如果现场工作人员不够，除非取用轻便灭火器材即可扑灭火灾，否则应当优先实施疏散引导撤离行动。

（三）疏散引导的总原则

进行火灾现场疏散引导应遵循以下原则。

（1）利用消防控制室火灾应急广播系统，按其控制程序发出疏散撤离指令；广播喊话应沉着镇定，语速不宜过快；广播内容应简单、通俗易懂，并应循环播放；应说明广播单位及人员，以提高置信度；应一人广播，并提醒疏散人员不要使用普通电梯。

（2）应优先配置着火层及其相邻上、下层疏散引导员，位置最好是在楼梯出入口和通道拐角处。

（3）普通电梯进出口前应配置疏导人员，以便阻止撤离人员使用电梯。

（4）应选择安全的疏散通道，引导人们到达安全地带。

（5）应及时打开疏散楼层的各楼梯出口。

（6）应首先使用室内外楼梯等既安全，疏散人流量又大的疏散设施进行人员疏散，如无法使用，可利用其他方法另行疏散。

（7）如果着火层在地上二层及以上楼层，应优先疏散着火层及其相邻上、下层人员。

（8）当撤离人员较多时，应采用分流疏散的方法，以防发生拥挤混乱，并优先疏散具有较大危险的场所的被困人员。

（9）当楼梯被烟火封锁不能使用时，或短时间内无法将所有火场人员疏散至安全区域时，应将被困人员暂时疏散至阳台等相对安全的场所，等待消防人员的救援。

（10）当发生火灾时，商场等场所不要拘泥于顾客是否已付钱，应立即选择疏散撤离。

（11）不要让已到达安全区域的人员重返火灾现场。

（12）疏散引导员撤离时，应确认火灾现场已无其他人员，并在撤离时关闭防火门等。

及时正确的疏散引导是火场人员安全逃生的重要环节，也是减少火场人员伤亡的重要举措。每个工作人员只有平时加强消防知识的学习与培训，制定切实可靠的应急疏散预案并经常性演练，才能真正掌握正确的疏散引导方法和技巧，在火灾等紧急情况下方能将被困人员安全地疏散引导至安全区域。

第二节　逃生自救

公众聚集场所和高层建筑日益增多，而消防基础设施建设相对滞后，广大群众消防安全意识淡薄，造成火灾隐患日益突出，发生火灾的概率也在不断上升。

一、火场逃生自救方法

人，最宝贵的是生命。俗话说"天有不测风云，人有旦夕祸福"，人们应该有面对灾害的准备，并应增强自我防范意识。在相同的火灾场景下，同被火灾所困，有的人显得不知所措，不能自主；有的人慌不择路，跳楼丧生或造成终身残疾；也有的人化险为夷，死里逃生。这固然与起火时间、起火地点、火势大小、周围环境以及建筑物内报警、排烟、灭火设施的运行状况等因素有关，但更重要的一点，还要看被火围困的人员在灾难降临时是否具备逃生自救的本领和技能。

那么，在火场中如何逃生自救呢？下面介绍一些基本方法以及应注意的事项。

（一）保持冷静

在火灾突然发生的情况下，由于烟气及火的出现、高温的灼烤，场面会发生混乱，多数人会因此产生心理恐慌，这是人最致命的弱点。不同的人在事故中会表现出不同的反应：一些人处于良好的应激状态下，其大脑运转异常活跃，表现在行为上则是以积极的态度对待眼前的火情，采取果断措施保护自身；也有的人在危境之中会变得意识狭窄、思维混乱，容易发生感知和记忆上的失误，做出异常举动。例如，火灾中一些人只知推门而不知拉门，将墙当作门猛敲猛击，等等。

突遇火灾，面对浓烟和烈火，首先要强令自己保持镇静，保持清醒的头脑，不要惊慌失措，并快速判明危险地点和安全地点，决定逃生的路线与办法，千万不要盲目地跟从人流相互推挤，乱冲乱撞。逃生前宁可多用几秒钟的时间考虑一下自己的处境及火势发展情况，再尽快采取正确的脱身措施。

（二）熟悉环境

熟悉环境就是要了解和熟悉我们经常或临时所处建筑物的消防安全环境。平时要有危机意识，对于经常工作或居住的建筑物，哪怕对环境已经很熟悉，也不能麻痹大意，事先应制订较为详细的火灾逃生计划，对确定的逃生出口（可选择门窗、阳台、安全出口、室内防烟或封闭楼梯、室外楼梯等）、路线（应明确每一条逃生路线及逃生后的集合地点）和方法，要让家庭、单位所有的人员都熟悉并掌握，同时应加以必要的逃生训练和演练。

有时候人的本能并不能使他们免于灾难，而成功逃生的关键就是为人们的大脑及时补充"逃生数据"，只有注重平时的逃生演练才有可能获得这些"数据"。当我们处于冷静状态的时候，大脑一般需要8~10秒钟的时间处理一段新信息；而面临的压力越大，处理信息所花费的时间就越长。当灾难发生时，外界信息涌进大脑的速度和流量明显增加，大脑无法有时也来不及做出反应，因此只能采取快速行动，此时大脑就只能依赖于习惯了。

我国的消防法律法规也明确规定，单位应制定灭火和应急疏散预案，并至少每半年进行一次演练（对于消防安全重点单位）或至少每年组织一次演练（对非消防安全重点单位）；单位应当通过多种形式开展经常性的消防安全培训教育。消防安全重点单位对每名员工应当至少每年进行一次消防安全培训，学校、幼儿园应当通过寓教于乐等多种形式进行消防安全常识教育。

一般来说，家庭"火场逃生计划"大致可分为以下四个部分。

1. 提前做好计划

首先，每个家庭都应安装感烟探测器，并保持其处于良好的运行状态。因为感烟探测器能够发现早期火灾，提前报警。许多火灾都发生在深夜人们熟睡时，感烟探测器报警可避免人们在熟睡中走向死亡。其次，让每个家庭成员睡觉时都关严房门。实验表明，如果房门关闭，火灾中需要10~15分钟才能将木门烧穿，因此，关闭房门能够在紧急关头为家人争取宝贵的逃生时间。最后，制订的逃生计划应尽量做到无论家人在哪个房间、处于哪个位置，都至少有两个逃生出口：一个是门，另一个可以是窗户或阳台等。

2. 设计逃生路线

每个家庭应绘制一张房屋格局平面布置图，制定两条通向出口的逃生路线，并在图中标明至少两条从每个房间逃向户外的路径，使家人一目了然，并将其张贴在每个房门口、楼梯口、窗户边和大门口。家庭中的每个成员都要参与该图的绘制，并练习火灾时应如何开门、开窗。家长必须教导孩子牢牢记住每个通往室外的出口。图中最好把邻居家的位置或离自家最近的大路的位置标示出来，以便逃出火场的人能及时向其他人呼叫求救。

现代家庭，人们的防盗意识远远超过了防火意识。在人们心目中，防盗门、防盗窗可以把自己的人身和财产安全有效地保护起来；然而，在火灾中，防盗门、防盗窗并不"安全"，一旦大火或是高温烟气封堵了楼道，被困人员根本无法通过安装有防盗设施的窗户进行逃生，消防人员也难以通过防盗设施对被困人员进行救助。因此，在做防盗门、防盗窗时，不要将其全部焊死，可采取预留一个可从内开启的活动小门、窗等方法，达到平时能防盗，火灾时又能提供一条逃生通道的功用。

3. 牢记烟气危害

每个家庭成员都应牢记在烟层下疏散逃生的重要性。家长要教会孩子们一些逃生知识，包括教会孩子们如何避免烟中毒或被火烧伤。火灾中的烟气和热气都聚集在室内的上层，较新鲜凉爽的空气都集中在地面附近。因此，如果室内充满烟气，每个家庭成员都应知道必须赶紧趴下，爬到附近出口逃生。

4. 实地演习

有效的家庭逃生计划需要靠演练来完成，因此，逃生计划的演练非常重要，家庭的每个成员都应参加。父母必须保证每个孩子都要参与演练且每年至少要进行两次，如果近期内孩子自己待在家里的时间较多（如学校放寒、暑假等）的话，也要安排进行一次实地演习。有时这种演习可以在晚上进行，目的就是让孩子们适应黑暗环境，帮助他们克服害怕黑暗的心理。

大多数建筑物内部的平面布局、道路出口一般不为人们所熟悉，一旦发生火灾时，人们总是习惯性地沿着来时的路径逃生，当发现此路被封死时，才被迫去寻找其他出入口，殊不知，此时已错过了最佳的逃生机会。

（三）迅速撤离

意识到火灾发生的人们习惯于认为火灾的严重性并不大，而且会花一些时间去证实火灾的严重程度。在证实火灾发生后，人们依然要救护自己的同伴、亲友、子女或寻找财物，但火场逃生是争分夺秒的行动。

一旦听到火灾警报，或者意识到自己被烟火围困，生命受到烟火威胁，千万不要迟疑，要立即放下手中的工作或事务，动作越快越好，设法脱险，切不可为穿衣服或贪恋财物延误逃生良机，要树立"时间就是生命""逃生第一"的观念，要抓住有利时机就近利用一切可以利用的工具、物品想方设法迅速逃离火灾危险区域，要牢记此时此刻没有什么比生命更宝贵、更重要。

楼房着火时，应根据火势情况，优先选用最便捷、最安全的通道和疏散设施逃生，如首选更为安全可靠的防烟楼梯、封闭楼梯、室外疏散楼梯、消防电梯等。如果以上通道被烟火封堵，又无其他救生器材时，则可考虑利用建筑的阳台、窗口、屋顶平台、落水管及避雷线等脱险；但应查看落水管、避雷线是否牢固，防止人体攀附后断裂脱落造成人员伤亡。

火场逃生时不要乘普通电梯。道理很简单：其一，普通电梯的供电系统采用的是普通动力电源，非消防电源，火灾时会随时断电而停止运行；其二，因烟火高温的作用，电梯的金属轿厢壳会发生变形而使人员被困其内，同时由于电梯井道犹如上下贯通的烟囱一般直通各个楼层，电梯井道的"烟囱效应"会加剧烟火的蔓延，有毒的烟雾会通过井道从电梯轿厢缝隙进入，直接威胁被困人员的生命安全。因此，火场中不能乘普通电梯逃生。

在选择逃生路线时，要注意在打开门窗前，必须先用手背触摸门把手或窗框（门把手、窗框一般采用金属制作，导热快）或门背，检查是否发热。如果感觉门不热，应小心地站在门后慢慢将门打开少许并迅速通过，然后立即将门关闭；如门已发热，则不能打开，应选择窗户、阳台等其他出口逃生。

火场逃生时，不要向狭窄的角落退避，如墙角、桌子底下、大衣柜里等。因为这些地方可燃物多，且容易聚集烟气。

（四）标志引导

发生火灾时，人们在努力保持头脑冷静的基础上，要积极寻找逃生出口，切不要盲目跟随他人乱跑。在现代建筑物内，一般设有明显的安全逃生标志。例如，在公共场所的墙壁、顶棚、门顶、走道及其转弯处均设有逃生方向箭头等疏散指示标志，被困人员看到这些标志时，即可按照标志指示的方向寻找逃生路径，进入安全疏散通道，迅速撤离火场。

（五）有序疏散

人员在火场逃生过程中，由于惊恐极易出现拥挤、聚堆、盲目乱跑甚至是倾倒、践踏等无序现象，造成疏散通道堵塞，从而酿成群死群伤的悲剧。相互推挤、践踏，既不利于自己逃生，也不利于他人逃生。因此，火场中的人员应采取一种自觉自愿、有组织的救助疏散行为，做到有秩序地快速撤离火场。疏散时最好有现场指挥员或引导员的指挥。

裹挟在人流中逃生时，如果看见前面的人倒下去了，应立即上前将其扶起，对拥挤的人群应及时进行疏导或选择其他疏散方法予以分流，以减轻单一疏散通道的人流压力，竭尽全力保持疏散通道畅通，最大限度地减少人员伤亡。

在火场疏散撤离过程中，逃生者多数或许要经过充满浓烟的走廊、楼梯间才能离开危险区域。因此，逃生过程中应采取正确有效的防烟措施和方法。通常的做法有以下几种：可把毛巾等物浸湿拧干后叠起来捂住口鼻来防烟；无水时，干毛巾也行，或紧急情况下用尿代替水；如果身边没有毛巾，则用餐巾、口罩、帽子、衣服、领带等来替代。要多叠几层，将口鼻捂严。穿越烟雾区时，即使感到呼吸困难，也不能将毛巾从口鼻上拿开，否则就会有中毒的危险。

从浓烟弥漫的通道逃生时，可向头部、身上浇凉水，或用湿衣服、湿棉被、湿床单、湿毛毯等将身体裹好，低姿势行进或匍匐爬行穿过烟雾险境区域。在火场中，因为受热的烟雾较空气轻，一般离地面约50厘米处的空间内仍有残存空气可以利用呼吸，因此，可采用低姿势（如匍匐或弯腰）逃生，爬行时应将手心、手肘、膝盖紧靠地面，并沿墙壁边缘逃生，以免迷失方向。火场逃生过程中，要尽可能一律将背后的门关闭，以降低火和浓烟的蹿流蔓延速度。

如附近有水池、河塘等，可迅速跳入其中。如果人体已被烧伤，则应注意不要跳入污水中，以防止受伤处发生感染。

在大火中，当安全疏散通道全部被浓烟烈火封堵时，可将结实的绳子拴在暖气管道、窗框、床架等牢固物体上，然后顺绳索沿墙缓慢下滑到地面或下面的楼层而脱离险境。如果没有绳子也可将窗帘、床单、被褥、衣服等撕成布条，用水浸湿，拧成布绳。

跳楼是造成火场人员死亡的又一重要原因。无论如何,当发生火灾时,从较高楼层跳楼求生,都是一种风险极大、不可轻易选择的逃生选择;但当人们被高温烟气步步紧逼,实在无计可施、无路可走时,跳楼求生也就必然成为挑战死亡的生命"豪赌"。

身处火灾烟气中的人,精神上往往陷于极端恐惧,接近崩溃,惊慌的心理下极易不顾一切地采取如跳楼逃生的伤害性行为。应该注意的是,只有在消防队员准备好救生气垫并指挥跳楼时或楼层不高(一般为4层以下),非跳楼即烧死的情况下,才可以考虑采取跳楼求生的方法。即使已没有任何退路,若生命还未受到严重威胁,也要冷静地等待消防人员的救援。如果被火困在楼房的二、三层等较低楼层,若无条件采取其他自救方法或短时间内得不到救助就有生命危险时,在此种万不得已的情况下才可以跳楼逃生。跳楼虽可求生,但会对身体造成一定的伤害,所以要慎之又慎。

跳楼求生的风险极大,要讲究方法和技巧。在跳楼之前,应先向楼下地面扔一些棉被、枕头、床垫、大衣等柔软物品,以便身体"软着陆",减少受伤的可能性;然后手扒窗台或阳台,身体自然下垂,以尽量降低垂直距离,头朝上脚向下,自然向下滑行,双脚落地跳下,以缩小跳落高度,并使双脚首先着落在柔软物上。如有可能,要尽量抱些棉被、沙发垫等松软物品或打开大雨伞跳下,以减缓冲击力。如果可能的话,还应注意选择有水池、软雨篷、草地等的地方跳。落地前要双手抱紧头部身体弯曲卷成一团,以减少伤害。

在无路可逃的情况下,应积极寻找避难处所,如到阳台、楼顶等待救援,或选择火势、烟雾难以蔓延的房间暂时避难。当实在无法逃离时便应退回室内,设法营造一个临时避难间暂避。

如果烟味很浓,房门已经烫手,说明大火已经封门,再不能开门逃生。正确的办法应是关紧房间临近火势的门窗,打开背火方向的门窗,但不要打碎玻璃，当窗外有烟进来时，要赶紧把窗子关上。将门窗缝隙或其他孔洞用湿毛巾、床单等堵住或挂上湿棉被、湿毛毯、湿麻袋等难燃物品，防止烟火入侵，并不断地向迎火的门窗及遮挡物上洒水降温，同时要淋湿房间内的一切可燃物，也可以把淋湿的棉被、毛毯等披在身上。如烟已进入室内，要用湿毛巾等捂住口鼻。

避难间或避难场所是为了救生而开辟的临时性避难的地方，因火场情况不断发展，瞬息万变，避难场所也不可能永远绝对安全。因此，不要在有可能疏散逃生的条件下不疏散逃生而选择创造避难空间避难，以致失去逃生的机会。避难间应选择在有水源且便于与外界联系的房间。一方面，水源能降温、灭火、消烟，利于避难人员生存；另一方面，避难人员能与外界联系及时获救。

在火灾危险情况下能否安全自救，固然与起火时间、火势大小、建筑物结构形式、建筑物内有无消防设施等因素有关，但还要看被大火围困的人员在灾难到来之时有没有选择正确的自救逃生方法。

二、火场逃生误区

在突如其来的火灾面前，有的人会表现得不知所措，常常不假思索就采取逃生行动甚至是错误的行动。下面介绍一些在火灾逃生过程中经常出现的错误行为，防微杜渐，以示警示。

（一）手一捂，冲出门

火场逃生时，许多人尤其是年轻人通常会采取这种错误行为。其错误性表现在两点：一是手并非良好的烟雾过滤器，不能过滤掉有毒有害烟气。平时在遇到难闻的气味或沙尘天气时，人们常常情不自禁地用手捂住口鼻，以防气味或沙尘侵入，其实这样做作用或效果并不十分明显，有点自欺欺人、自我安慰之意。因此，火险状态下应采取正确的防烟措施，如用湿毛巾等物捂住口鼻。二是在烟火面前，人的生命非常脆弱。多数年轻人缺乏消防常识及火灾逃生经验，认为自己身强力壮、动作敏捷，不采取任何防护措施冲出烟火区域也不会有很大危险；但诸多火灾案例表明，人在烟火中奔跑两三步就会吸烟晕倒。因此，千万不要低估烟火的危害而高估自己的能力。

（二）抢时间，乘电梯

面临火灾，人们的第一反应是争分夺秒地迅速离开火场。许多人首先会想到搭乘普通电梯逃生，因为电梯迅速快捷，省时省力。其实这完全是一种错误行为，其理由有六。

（1）电梯的动力是电源，而火灾时所采取的紧急措施之一便是切断电源，即使电源照常，电梯的供电系统也极易出现故障而使电梯卡壳停运，处于上下不能的困境，其内人员无法逃生、无法自救，极易受烟熏火烤从而造成伤亡。

（2）电梯井道好似一个高耸庞大的烟囱，其"烟囱效应"的强大抽拔力会使烟火迅速蔓延扩散至整个楼层，使电梯轿厢变形，行进受阻。

（3）电梯轿厢在井道内的运动，使空气受到挤压而产生气流压强变化，且空气流动越快，产生的负压就越大，从而火势就越大。因此，火灾中行驶的普通电梯自身难保，切忌乘坐。

（4）电梯轿厢内的装修材料有的具有可燃性，热烟火的烘烤不仅会使轿厢金属外壳变形，而且会引起内部装饰燃烧炭化，对逃生人员的生命安全构成威胁。

（5）一般电梯停靠某处时，其余楼层的电梯门都是联动关闭的，外界难以实施灭火救援。即便强行打开，也只是为火灾补充了新鲜空气，拓展了烟火蔓延扩散的渠道。

（6）电梯运载能力有限。公共场所人员密集，一旦失火，惊慌的人群涌入其内更易造成混乱，因而会贻误安全逃生的最佳时机。

（三）寻亲友，共同逃

当遭遇火灾时，有些人会想着先去寻找自己的家人、孩子及亲朋好友再一起逃生，其实这也是一种不可取的错误行为。倘若亲友在眼前，则可携同其一起逃生；倘若亲友不在近处，则不必到处寻找，因为这会浪费宝贵的逃生时间，造成谁也逃不出火魔爪牙的后果。明智的选择是各自逃生，待到进入安全区域时再行寻找，或请求救援人员帮助寻找营救。

（四）不变通，走原路

火场上另一种错误的逃生行为就是，沿进入建筑物内的路线、出入口逃离火灾危险区域。这是因为人们身处一个陌生境地，没有养成一个首先熟悉建筑内部布局以及安全疏散路径、出口的良好习惯。一旦失火，会下意识地沿着进入时的出入口和通道进行逃生，只有当该条路径被烟火封堵时，才被迫寻找其他逃生路径。然而，此时火灾已经扩散蔓延，难以再逃离脱身。因此，每当人们进入陌生环境时，首先要了解、熟悉周围环境、安全通道及安全出口，做到防患于未然。

（五）不自信，盲跟从

盲目跟随是火场被困人员从众心理反应的一种典型行为。处于火险中的人们由于惊慌失措，往往会失去正常的思维判断能力，总认为他人的判断是正确的，因而会本能地盲目跟从他人奔跑逃命。该行为通常还表现为跳楼、跳窗、躲藏于卫生间、角落等现象，而不是积极主动寻找出路。因此，只有平时强化消防知识的学习以及消防技能的训练，树立自信心，方能临危处危不乱不惊。

（六）向光亮，盼希望

一般而言，光、亮意味着生存的希望，它能为逃生者指明方向，避免其瞎摸乱撞，便于其逃生；但在火场中，会因失火而切断电源，或因短路、跳闸等造成电路故障而失去照明，或许有光亮之处恰是火魔逞强之地。因此，在黑暗的环境下，只有按照疏散指示引导的方向逃向太平门、疏散楼梯间及疏散通道才是正确可取的办法。

（七）急跳楼，行捷径

火场中，当发现选择的逃生路径错误或已被大火烟雾围堵，且火势越来越大，烟雾越来越浓时，人们很容易失去理智而选择跳楼等不明智之举。其实，与其采取这种冒险行为，还不如稳定情绪，冷静思考，另谋生路，或采取防护措施，固守待援。只要尚有一线生机，切忌盲目跳楼求生。

三、火场逃生的方法

当火灾发生时，其发展瞬息万变，情况错综复杂，且不同场所的建筑类型、建筑结构、火灾荷载、使用性质以及建筑内人员的组成等都存在着相当大的差异。因此，火场逃生的方法、技巧也不是千篇一律、一成不变的。不同类型建筑的逃生原则和方法虽有共同之处，但也有各自的特性，下面介绍几种典型建筑火灾的逃生方法。

（一）高层建筑火灾的逃生方法

我国有关建筑设计防火规范规定，高层建筑是指建筑高度超过 24

米且 2 层及 2 层以上的公共建筑或是 10 层及 10 层以上的住宅建筑。高层建筑具有建筑高、层数多、建筑形式多样、功能复杂、设备繁多、各种竖井众多、火灾荷载大以及人员密集等特点，以至于发生火灾时烟火蔓延途径多，扩散速度快，火灾扑救难，极易造成人员伤亡。由于高层建筑发生火灾时垂直疏散距离长，要在短时间内逃脱火灾险境，被困人员必须具有良好的心理素质以及快速分析判断火情的能力，冷静、理智地做出决策，利用一切可利用的条件，选择合理的逃生路线和方法，争分夺秒地逃离火场。

1．利用建筑物内的疏散设施逃生

利用建筑物内已有的疏散设施逃生，是争取逃生时间、提高逃生效率的最佳方法。

（1）优先选用防烟楼梯、封闭楼梯、室外楼梯、普通楼梯及观光楼梯逃生。高层建筑中设置的防烟楼梯、封闭楼梯及其楼梯间的乙级防火门，具有耐火及阻止烟火进入的功能，且防烟楼梯间及其前室设有能阻止烟气进入的正压送风设施。高层建筑中的防烟楼梯间、封闭楼梯间是火灾时最安全的逃生设施。

（2）利用消防电梯逃生，因为其采用的动力电源为消防电源，火灾时不会被切断，而普通电梯或观光电梯采用的是普通动力电源，火灾时是要切断的，因此发生火灾时千万不能搭乘。

（3）利用建筑物的阳台、有外窗的通廊、避难层逃生。

（4）利用室内配置的缓降器、救生袋、安全绳及高层救生滑道等救生器材逃生。

（5）利用墙边的落水管逃生。

（6）利用房间内的床单、窗帘等织物拧成能够承受自身重量的布绳索，系在窗户、阳台等的固定构件上，沿绳索下滑到地面或较低的其他楼层逃生。

2. 不同部位、不同条件下的人员逃生

当高层建筑的某一部位发生火灾时，应当注意收听消防控制中心播放的应急广播通知，它将会告知着火的楼层以及安全疏散的路线、方法和注意事项。不要一听到火警就惊慌失措，失去理智，盲目行动。

（1）如果身处着火层之下，则可优先选择防烟楼梯、封闭楼梯、普通楼梯及室内疏散走道等，按照疏散指示标志指示的方向向楼下逃生，直至到达室外安全地点。

（2）如果身处着火层之上，且楼梯、通道没有烟火时，可选择向楼下快速逃生；如烟火已封锁楼梯、通道，则应尽快向楼上逃生，并选择相对安全的场所如楼顶平台、避难层等待救援。

（3）如果身处着火层，应快速选择通道楼梯逃生；如果楼梯或房门已被大火封堵，不能顺利疏散，则应退避至房内，关闭房门，另寻其他逃生路径，如通过阳台、室外走廊转移到相邻未起火的房间再行逃生；或者尽量靠近沿街窗口、阳台等易于被人发现的地方，向救援人员发出求救信号，如大声呼喊，敲击金属物品，挥动手中的衣服、毛巾，或向下抛掷软质物品，或打开手电、打火机等求救，以便使救援人员及时发现自己，并采取救援措施。

（4）在充满烟雾的房间和走廊内逃生时，不要直立行走，最好弯腰使头部尽量接近地面，或采取匍匐前行的姿势，并做好防烟保护，如用毛巾、口罩或其他可利用的东西做成简易防毒面具。因为热烟气向上升，离地面较近处烟雾相对较淡，空气相对新鲜，所以采取低姿势逃生，呼吸时可少吸入烟气。

（5）如果遇到浓烟暂时无法躲避，切忌躲藏在床下、壁橱、衣柜以及阁楼、边角之处，一是藏在这些地方不易被人发现，二是这些地方也是烟气聚集之处。

（6）如果是晚上听到火警，应赶快滑到床边，爬行至门口，用手

背触摸房门,如果房门变热,则不能贸然开门,否则烟火会冲进室内,如果房门不热,说明火势可能还不大,通过正常途径逃离是可能的,此时应带上钥匙打开房门离开,但一定要随手关好身后的门,以防止火势蔓延扩散。如果在通道上或楼梯间遇到了浓烟,要立即停止前行,千万不能试图从浓烟里冲出来,应退守至房间,并采取主动积极的防火自救措施,如关闭房门和窗户,用潮湿的织物堵塞门窗缝隙,防止烟火侵入,等待救援人员到来。

(7)如果身处较低楼层(3层以下),且火势危及生命又无其他方法自救,可将室内席梦思、棉被等软物抛至楼下,从窗口跳至软物上逃生。

3. 自救、互救逃生

可通过以下方法自救、互救逃生。

(1)利用建筑物内各楼层的灭火器材进行灭火自救。

在火灾初期,充分利用消防器材将火消灭在萌芽阶段,可以避免酿成大火。从这个意义上来讲,灭火也是一种积极的逃生方法。因此,火灾初期一定要沉着冷静,不可惊慌失措,贻误灭火良机。

(2)相互帮助,共同逃生。

对老、弱、病、残、儿童及孕妇或不熟悉环境的人要注意引导疏散,帮助其一起逃生。

(二)商场、市场火灾的逃生方法

向社会供应生产、生活所需要的各类商品的公共交易场所称之为"商场"或"市场",如百货大楼、商业大楼、购物中心、贸易大楼及室内超级市场等。商场、市场内的商品大多为易燃可燃物,且摆放得比较密集,增加了商场、市场的火灾荷载及火灾危险性,加之其内人流密集,火灾时人员疏散较为困难,甚至可能发生烟气中毒而造成群死群伤的恶性事故。商场、市场火灾有别于其他火灾,其逃生方法也有其自身的特点。

1. 熟悉安全出口和疏散楼梯的位置

进入商场、市场购物时,首先要做的事情应该是熟悉并确认安全出口和疏散楼梯的位置,不要把注意力首先集中到琳琅满目的商品上,而应环顾周围环境,寻找疏散楼梯、疏散通道及疏散出口的位置,并牢记。如果商场、市场规模较大,一时找不到安全出口及疏散楼梯,应当询问商场、市场内的工作人员。这样相当于为火灾时成功逃生准备了一堂预备课。

2. 积极利用疏散设施逃生

建筑物内的疏散设施主要包括防烟楼梯、封闭楼梯、室外楼梯、疏散通道及消防电梯等,在建设商场、市场时,这些设施都按照建筑设计防火规范的相关要求进行了设置,具有相应的防火隔烟功能。在初期火灾时,它们都是良好的安全逃生途径。进入商场、市场后,如果熟悉并确认了它们的位置,那么当发生火灾时就更容易找到就近的安全疏散口,从而为安全逃生赢得宝贵的时间。如果没有提前熟悉并确认疏散设施的位置,也千万不要惊慌,此时应积极地按照疏散指示标志指示的方向逃生,直至找到安全疏散出口。

3. 秩序井然地疏散逃生

惊慌是火场逃生时的一个可怕又不可取的行为,是火场逃生的最大障碍。由于商场、市场是人员密集的场所,惊慌只会引起其他人员更大的惊慌,造成逃生现场一片混乱,进而导致拥挤摔倒、踩踏,使疏散通道、安全出口严重堵塞,造成人员死伤。因此,无论火灾多么严重,都应当保持沉着冷静,一定要做到有序撤离。在楼梯内等候疏散时切忌你推我挤、争先恐后,以免后面的人把前面的人挤倒,而其他的人顺势摔倒，形成"多米诺骨牌"效应，倒下一大片。

4. 自制救生器材逃生

商场、市场中商品种类繁多且高度集中，火场逃生时可利用的物资相对较多，如衣服、毛巾、口罩等织物浸湿后可以用来防烟，绳索、床单、布匹、窗帘以及五金柜台的各种机用皮带、消防水带、电缆线等可制成逃生工具，各种劳保用品，如安全帽、摩托车头盔、工作服等可用来避免烧伤或被坠落物砸伤。

5. 充分利用各种建筑附属设施逃生

当发生火灾时，还可以充分利用建筑物外的落水管、房屋内外的突出部分以及各种门、窗及建筑物的避雷网（线）等附属设施逃生，或转移到安全楼层、安全区域再行寻找机会逃生。这仅是一种辅助逃生方法，利用时既要大胆，又要细心，尤其是老、弱、病、残以及妇、幼者要慎用，切不可盲目行事。

6. 切记注意防烟

当商场、市场发生火灾时，由于其内商品大多为可燃物，火灾蔓延快，生成的烟量大，人员在逃生时一定要采取防烟措施，并尽量采取低行姿势，以免烟气进入呼吸道。在逃生时，如果烟雾浓重且感到呼吸困难，可贴近墙边爬行；在楼梯道内，可采取头朝上、脚向下、脸贴近楼梯两台阶之间的直角处的姿势向下爬，如此可呼吸到较为新鲜的空气，有助于安全逃生。

7. 寻找避难场所

在确实无路可逃的情况下，应积极寻求如室外阳台、楼顶平台等避难处等待救援；选择火势、烟雾难以蔓延的房间关好门窗，堵塞缝隙，或利用房内水源将门窗和各种可燃物浇湿，以阻止或减缓火势、烟雾蔓延。不管是白天还是晚上，被困人员都应大声疾呼，不间断地发出各种求救信号，以引起救援人员的注意，顺利脱离险境。

8. 禁用普通电梯

在进行火灾现场疏散时，万万不能乘坐普通电梯或自动扶梯，而应从疏散楼道逃生。因为火灾时会切断电源而使普通电梯停运，同时火灾产生的高热会使普通电梯系统出现异常。

9. 切忌重返火场

逃离火场的人员千万应记住，不要因为贪恋财物或寻找亲朋好友而重返火场，而应告诉消防救援人员，请求其帮助寻找救援。

10. 发现火情应立即报警

在商场、市场购物时，如果发现如电线打火、垃圾桶冒烟等异常情况，应立即通知附近的工作人员，并立刻报火警，不要因延误报警而使小火形成大灾，造成更大的损失。

（三）公共娱乐场所火灾的逃生方法

公共娱乐场所一般是指歌舞娱乐游艺场所等。近年来，国内外公共娱乐场所发生火灾的案例数不胜数，其火灾共同特点是易造成人员群死群伤。现代的歌舞厅、卡拉OK厅等娱乐场所一般都不是"独门独户"，大多设置在综合建筑内，人员密集，且通道弯曲多变，一旦失火，人员难以脱身。因此，掌握其火灾逃生方法非常重要。

1. 保持冷静，明辨出口

歌舞厅、卡拉OK厅等场所一般在晚上营业，并且顾客进出随意性大、密度高，加上灯光暗淡，火灾时容易造成人员拥挤混乱、摔伤踩伤。因此，火灾时一定要保持冷静，不可惊慌。进入公共娱乐场所时，要养成事先查看安全出口位置以及安全逃生通道是否通畅的良好习惯，如发现有锁闭情况，应立即告知工作人员打开并说明理由。发生火灾时，应明确安全出口方向,并采取避难措施,这样才能掌握火场逃生的主动权。

2. 寻找多种途径逃生

发生火灾时,应冷静判断自己所处的位置,并确定最佳逃生路线。首先应想到通过安全出口迅速逃生。如果看到大多数人同时涌向一个出口,不能盲目跟从,应另辟蹊径,从其他出口逃生。即使众多人员都涌向同一出口,也应当在引导员的疏导下有序疏散。在疏散楼梯或安全出口被烟火封堵而无逃生之路时,对于设置在 3 层以下的公共娱乐场所,可用手抓住阳台、窗台往下滑,且让双脚先着地。

3. 寻找避难场所

公共娱乐场所发生火灾时,如果逃生通道被大火和浓烟封堵,又一时找不到辅助救生设施,被困人员只有暂时逃向火势较轻、烟雾较淡处寻找或创建避难间,向窗外发出求救信号,等待救援人员来营救。

4. 防止烟雾中毒

歌舞娱乐场所的内装修大多采用易燃可燃材料,有的甚至是高分子有机材料,燃烧时会产生大量的烟雾和有毒气体。因此,逃生时不要到处乱跑,应避免大声喊叫,以免烟雾进入口腔,应采用水(一时找不到水时可用饮料)打湿身边的衣服、毛巾等物捂住口鼻并采取低姿势前进或匍匐爬行,以减少烟气对人体的危害。

5. 听从引导员的疏导

火场逃生人员一定要听从场所工作人员的疏散引导,有条不紊地撤离火场,切不可推拉拥挤,堵塞出口,造成伤亡。

(四)影剧院、礼堂火灾的逃生方法

影剧院、礼堂也是人员密集场所,其主体建筑一般由舞台、观众厅、放映厅三大部分组成,属于大空间、大跨度建筑,内部各部位大多相互连通，电气、音响设备众多，且幕布、吸音材料多具可燃性。

1. 选择安全出口逃生

影剧院、礼堂一般设有较为宽敞的消防疏散通道，并设置有门灯、壁灯、脚灯及火灾事故应急照明等设备，标有"太平门""紧急出口""安全出口"及"疏散出口"等疏散指示标志。当发生火灾时，应按照这些疏散指示标志所指示的方向，迅速选择人流量较小的疏散通道撤出逃生。

（1）注意对座位附近的安全出口、疏散走道进行检查，主要查看出口是否上锁，通道是否畅通，因为有的影剧院、礼堂为了便于管理会把部分出口锁闭。

（2）当舞台发生火灾时，火灾蔓延的主要方向是观众厅，此时人员疏散不能选择舞台两侧出口。因为舞台上幕布等可燃物较集中，电气设备多，且舞台两侧的出口较小，不利于逃生，最佳方法是尽量向放映厅方向疏散，等待时机逃生。

（3）当观众厅失火时，火势蔓延的主要方向是舞台，其次是放映厅。火场逃生人员可利用舞台、放映厅和观众厅的各个出口迅速疏散，总的原则是优先选择远离火源或与烟火蔓延方向相反的出口逃生。

（4）当放映厅失火时，此时的火势对观众厅的威胁不大，逃生人员可从舞台、观众厅的各个出口进行疏散。

2. 逃生时的注意事项

火场逃生时应注意以下几点。

（1）要听从工作人员的疏散指挥，切勿惊慌、互相拥挤、乱跑乱撞，堵塞疏散通道，影响疏散速度。

（2）逃生时应尽可能贴近承重墙或承重构件部位行走，以防被坠落物击伤。

（3）烟雾大时，应尽量弯腰或匍匐前进，并采取防烟措施。

（五）住宅火灾的逃生方法

除了时刻注意做好家庭火灾预防之外，还应熟悉并掌握科学的家庭住宅火灾的逃生方法。

1. 住宅火灾逃生的总体要求

现代家庭住宅有高层住宅和多层住宅之分，其发生火灾时的逃生方法有如下几种。

（1）事先编制家庭逃生计划，绘制住宅火灾疏散逃生路线图，并明确标出每个房间的逃生出口（至少两个：一个是门，另一个是窗户或阳台等）。

（2）在紧急情况下，应确保门、窗都能快速打开。

（3）充分利用阳台进行有效逃生，当窗户和阳台装有安全护栏时，应在护栏上留下一个逃生口。

（4）家住2层及2层以上时，应在房间内准备好火灾逃生用的手电筒、绳子等。

（5）住宅各层及室内每个房间都应安装感烟探测报警器，且能每月检查一次，保证其运行状态良好。

（6）睡觉时应尽量将房门关严，以便火灾时推迟烟雾进入房间的时间；建议将房门钥匙放在床头等熟悉且容易拿取的地方，以便在发生火灾时容易找到并开门逃生。

（7）发生火灾时在开门之前，首先用手背贴门试试其是否发热，如发热，切忌开门，而应利用窗户或阳台逃生。

（8）当室内充满烟气时，应用毛巾、衣服或其他织物浸湿后捂住口鼻防烟，并低行走向出口；如被烟火困于室内，应靠窗口或在阳台挥舞手中色彩鲜艳的床单、毛巾或手电筒等物品大声呼救，等待救援。

（9）当烟火封锁了房门时，应用毛毯、床单等物将门缝堵死，并泼浇冷水阻止烟火进入。

（10）充分利用室内一切可利用的东西逃生，如用床单、布匹等自制逃生绳索逃生。

（11）逃生时不要乘坐普通电梯。

（12）要正确判断火灾形势，切忌盲目采取行动。

（13）逃生报警、呼救要结合进行，切勿只顾自己逃生而不顾他人死活。

（14）一旦撤出火场逃到安全区域，切记不要重返火场取拿钱财或寻找亲人等。

利用门窗进行火场逃生时，应注意以下前提：室内火势并不大，没有蔓延至整个家庭角落，且被困人员熟悉燃烧区内的通道。

利用阳台逃生时，应从相邻单元的互通阳台（有的高层单元式住宅从第七层开始每层相邻单元间都有互通阳台）逃生，可拆除阳台间的分隔物，从阳台进入另一单元的疏散通道或楼梯；当无连通阳台而相邻两阳台距离较近时，可将室内的床板、门板或宽木板置于两阳台之间搭桥通过。

除了上述方法以外，还可视情况采取以下方法逃生。

一般而言，住宅建筑的耐火等级为一、二级，其承重墙体的耐火极限在2.5~3小时，只要不是建筑整体受火烧烤，局部火势在短时间内一般难以使其倒塌。利用时间差逃生的具体方法是：先将被困人员疏散至离火势较远的房间，再将室内的被子、床单等浸湿，然后利用门窗逃生。

火场逃生的具体做法是：将室内的可燃物清除干净，同时清除与此室相连的室内其他部位的可燃物，清除明火对门窗的威胁，然后紧闭与燃烧区相连通的门窗，以防烟气进入，等待明火熄灭或消防救援人员的救援。此法仅适用于室内空间较大而火灾区域不大的情况下逃生。

2.家庭火灾逃生计划的制订与演练

一个较完整的家庭火灾逃生计划应包括以下7个方面的内容。

（1）提前做好火灾逃生计划。

（2）设计逃生路线。

（3）牢记烟气危害。

（4）确定一个安全的集合地点。

（5）如何帮助需要特别照顾的家庭成员。

（6）火场逃生计划的演练。

（7）从建筑物中安全逃生。

关于"确定一个安全的集合地点"，即在制订家庭火灾逃生计划时，应确定一个较为安全、固定、容易找到且全部家庭人员都知道的室外地点。火灾逃生后，全家人应在此地聚集，以免家人逃出火场后相互寻找；同时可避免家人重返火场，再次陷入危险。

关于"如何帮助需要特别照顾的家庭成员"，也就是说在制订火灾逃生计划时，应当充分考虑到家庭中如老、弱、病、残、幼等需要特别照顾的人的特殊情况，研究讨论共同逃生的办法，最好将责任分摊到家中年轻力壮的人身上，使其在火灾险境中知道自己应该做什么。要教会小孩熟练开关门窗或从梯子安全上下，告知其千万不要藏身于衣柜或床底，或在大人逃出之前，先用绳子将小孩滑送到地面。

"从建筑物中安全逃生"指的是火场逃生时的安全注意事项。不要盲目跳楼求生，逃离高层住宅时切忌乘坐普通电梯。应尽量为每个房间准备一根救生绳，或父母应指导小孩利用窗户附近的柱子、落水管及屋顶等进行逃生或等待救援；应带领全部家庭成员熟悉建筑的每个部位和设施（如防烟及封闭式楼梯间、安全疏散指示标志、安全出口标志、灭火器材、室内消防栓、火灾报警等设施），特别是各个安全出口，这样在建筑的一个出口被烟火封堵后，家人可以凭借记忆寻找其他出口逃生。

（六）大型体育场馆火灾的逃生方法

大型体育场馆属于人员密集场所，其内部结构与其他人员密集场所有所不同，其共享空间较大，功能齐全，电气设备复杂，故火灾危险性大。因此，观看演出或比赛的观众必须掌握必要的火场逃生方法和技能。大型体育场馆火灾逃生应注意以下几点。

1. 谨记出入口

大型体育场馆内结构多样，功能复杂，由于某种原因，观众不经常来此，对其内部环境不一定熟悉，火灾时容易迷失方向。因此，观众在进入体育馆时，应牢记进出口的位置，并在找到自己的座位后熟悉座位附近的其他出入口，这样在发生火灾时才能根据大体方向找到安全出口。

2. 冷静勿惊慌

体育馆观众众多，看台多数呈阶梯形式，如在遇到火灾时惊慌失措、你推我挤或狂呼乱叫，不但会引起现场更多人员的惊恐，造成踩死踏伤意外事故，影响有序疏散，而且有可能吸入有毒烟气，导致中毒伤亡。因此，一旦发生火灾，应立刻离开座位，以最快的速度寻找最近的出口逃生。

3. 跟随不盲从

火灾情况下，人们惊恐之下可能会向同一个出口蜂拥而逃，造成出口拥堵不堪。因此，在选择出口逃生时，应先大致判断一下大多数人逃生的出口，然后根据火情的发展、火势的大小以及烟气蔓延的方向正确选择人员较少的出口逃生，切忌盲目跟从。

4. 轻松不放松

观看比赛或演出时，观众的情绪是比较复杂的，但大多数情况下是在轻松愉快、全神贯注中度过的。这时人们往往会精力集中地关注精彩的比赛或演出，而会忽视身边的一些异常现象。

5.逃出不重返

体育场馆火灾较为特殊，一方面，其内人员高度密集，紧急逃生比较困难，重返火场者要逆人流而行，这样会妨碍他人的正常疏散，使原本拥挤的通道、出口更加拥挤；另一方面，重返火场者很可能还没返至火场就被烟火吞食了。因此，如发现亲朋好友尚未逃出，明智的做法就是及时告知消防救援人员，请其帮助营救，切忌不顾自身安危重返火场，这是从无数火灾案例中总结出的经验教训。

（七）地下商场火灾的逃生方法

现代地下商场虽然消防设施比较齐全，但由于其结构复杂，出入口较少，通道狭窄，周围相对封闭，且多数商品具有可燃性，发生火灾时短时间内会积聚大量浓烟和高温热气，缩短火灾轰燃的时间，加之通风条件差，空气不易流通，产生的大量浓烟和有毒气体易导致火场能见度下降，人员窒息、中毒。因此，地下商场火灾时的人员逃生显得比地上建筑火灾逃生更为重要。

地下商场火灾逃生应注意以下事项。

（1）首先应观察其内部主要结构和设施总体布局，熟悉并牢记疏散通道、安全出口、消防设施与器材的位置。

（2）火灾时，地下商场工作人员或管理人员应做好以下操作：首先，关闭空调系统，停止向地下商场送风，以免火势通过空调送风设施蔓延扩大；其次，开启排烟设备，迅速排除火灾时产生的烟雾，以提高火场能见度，降低火场温度。

（3）立刻向附近的安全出口逃生，逃到地面安全地带、避难间、防烟间或其他安全区域，绝对不能停留观望，延误逃生良机。

（4）应按照疏散指示标志引导的方向有序撤离，切勿你推我搡，蜂拥而逃，阻塞通道和出口，造成摔伤，要听从地下商场工作人员的疏导指挥。

（5）当出口被烟火堵塞，被困人员又因不熟悉环境而寻找不到出口，因烟雾看不清疏散指示标志时，可选择沿着烟雾流动蔓延方向快速逃生（因烟雾流动扩散方向通常是出口或通风口所在处），并采取低姿及防烟措施贴墙行走。

（6）逃生万般无法之时，则应创造临时避难空间，尽量拖延时间，拨打"119"电话报警，等待消防人员的救援。

（八）交通工具火灾的逃生方法

1. 地铁火灾的逃生方法

地铁和地下商场均属于地下建筑，火场逃生时有其共性，但由于建筑结构不同，也有其独特的逃生方法。

地铁火灾逃生时应注意以下事项。

（1）地铁火灾大致分三种情况：一是列车停靠在站台，二是列车刚离开或将进入站台，三是列车在两站之间的隧道中。不管是在哪种情况下发生火灾，乘客一定要保持冷静，不可随意拉门或砸窗跳车逃生。要注意倾听列车广播，听从地铁工作人员的疏导指挥，迅速有序地朝着指定的方向撤离。

（2）当停靠在站台的列车起火时，应立即打开所有的车厢门，及时向站台疏散乘客，并在工作人员的组织下向地面疏散，与此同时应携带灭火器组织灭火。

（3）当行驶中的列车发生火灾时，要从火势规模和火灾地点两个方面进行考量。当列车内部装饰、电气设备和乘客行李发生火灾时，容易被人发现，如果在报火警的同时能够采取有效的措施（如利用车载灭火器灭火等），很有可能将火势控制在较小规模并保障乘客的安全。一般地铁区间隧道长1～2千米，行车时间1～3分钟，这种情况下应尽快向前方站台行进，停靠站台后再组织人员疏散。反之，如果火势较大，烟火已经威胁到乘客的安全，应立即在隧道内停车，及时组织人员疏散。以上两种情况下，均应优先疏散老、弱、妇、幼等弱势群体。

（4）当列车在两站之间的隧道区间失火且火势较大时，应立即停车，打开车厢门，乘客应按照工作人员指定的方向进行疏散。如果车厢门无法打开，乘客可向列车头、尾两端疏散，从两端的安全门下车；若列车车厢间无法贯通，车厢门又卡死，乘客可利用车门附近的红色紧急开关打开车厢门进行疏散；如果是列车中间部位着火，必须分别向前、后两个站台进行疏散。疏散方向原则上要避开火源，兼顾疏散距离，尽量背着烟火蔓延扩散的方向疏散逃生。疏散过程中，应避免沿轨道进行疏散，可优先考虑使用侧向疏散平台，因疏散平台的宽度不小于0.6米，可保证乘客快速离开车厢。如果是长距离的区间隧道，每隔600米设有联络通道，应充分利用联络通道，将乘客转移至临近的区间隧道，避开浓烟，以保证人员安全。

（5）当列车电源被切断或发生故障时，应迅速寻找手动应急开门装置。该装置一般位于车厢车门的上方，具体操作方法如下：打开玻璃罩，拉下红色手柄，拉开车门，用手动方式打开车门，再进行有序疏散撤离。

2. 公共汽车火灾的逃生方法

公共汽车是一种短程且较为经济的大众交通工具，其载客量大，至今仍作为城市交通的命脉；但其空间狭小密闭，人员密集，如果使用维护不当，其油路及电路老化会导致自燃。一旦发生自燃，车厢内的可燃装饰材料及油漆等会造成火势迅速蔓延，人员疏散困难。

（1）当发现车辆有异常声响和气味等时，驾驶员应立即熄火，将车停靠在避风处检查火点，注意不要贸然打开机盖，以防止空气进入助燃，并及时报警。

（2）车辆失火时，车门是乘客首选的逃生通道。乘客应以手动方式拉紧紧急制动阀打开车门；若车门无法打开或车厢内过于拥挤，车顶的天窗及车身两侧的车窗也是重要的逃生通道，破窗逃生是最简捷的逃生方式。现在公共汽车上都配有救生锤，乘客只要将锤尖对准车玻璃拐角或其上沿以下20厘米处猛击，玻璃就会从被敲击处向四周呈蜘蛛网状开裂，此时，再用脚把玻璃踹开，被困人员就可以逃生了。

（3）除了救生锤，高跟鞋、腰带扣和车上的灭火器也是方便有效的破窗工具。

（4）由于车上使用了复合材料，这些材料燃烧后会产生大量有毒浓烟，仅吸入一口就可以导致昏迷。所以，乘客逃生时，最好用随身携带的水或饮料将身体淋湿，并用湿布捂住口鼻，以防吸入烟气。

（5）在逃生过程中，切忌恐慌拥挤，这样不仅不利于逃生，而且容易发生踩踏事故，造成人员伤亡；同时要注意向上风方向（与浓烟蔓延方向相反的方向）逃离，不能乱跑，切忌返回车内取东西，因为烟雾中有大量毒气，吸入一口就可能致命。

（6）自燃车辆一般是停靠在路边，所以在逃生的同时，要注意道路上的来往车辆，以免引发其他事故。

（7）如果火势较小，可以利用车载灭火器扑灭火灾；如果火势无法控制，要立即拨打"119"报警，并迅速组织有序逃生。

（8）火灾时，要特别冷静果断，首先应考虑到救人和报警，并视着火的具体部位确定逃生和扑救方法。如着火部位是公共汽车的发动机，驾驶员应停车并开启所有车门，让乘客从车门迅速下车，然后组织扑救；如果着火部位在汽车中间，驾驶员应停车并开启车门，乘客应迅速从两侧车门下车，再组织扑救；如果车上线路被烧坏，车门不能开启，乘客可从就近的窗户下车。

（9）如果火焰封住了车门，人多不易从车窗逃生，可用衣物蒙住头从车门处冲出去。

（10）当驾驶员和乘车人员衣服被火烧着时，千万不要奔跑，以免火势变大。应迅速果断地采取措施：如时间允许，可以迅速脱下衣物，用脚将火踩灭；否则，可就地打滚或由其他人帮助用衣物覆盖火苗以灭火。

3. 火车火灾的逃生方法

客用火车由于车身较长，加之车厢内装材料成分复杂，旅客行李大多为可燃物，着火时不但容易产生有毒气体，甚至会形成一条长长的火龙，严重威胁旅客生命。所乘坐的火车一旦发生火灾，旅客应掌握以下逃生方法。

（1）镇定不慌乱，乘客应在火势较小时及时扑救火灾，同时向乘务员或其他工作人员报告，以便其根据火情采取应急措施。注意不要盲目奔跑乱挤或开门、窗跳车逃生，因为从高速行驶的列车上跳下不但会造成摔死摔伤的后果，而且高速风势会助长火势的蔓延扩散。

（2）如一时寻找不到乘务人员，则可先就近拿取灭火器材进行灭火，或迅速跑至两车厢连接处或车门后侧拉动紧急制动阀，使列车尽快停止运行。

（3）如果火势较小，不要急于开启车厢门窗，以免空气进入加速燃烧，应利用车上的灭火器材灭火，同时从人行过道向相邻车厢或车外有序疏散。

（4）如果火势较大，应待列车停稳后，打开车门、车窗或用尖铁锤等坚硬物品击碎车窗玻璃逃生。

（5）倘若火势将威胁相邻车厢，应立即采取脱离车厢挂钩的措施。如果起火部位在列车前部，应先停车，摘除起火车厢与后部车厢的挂钩后再行至安全地带；如果起火部位位于列车中部，在摘除起火车厢与后部车厢挂钩后继续行进一段距离后停下,再摘除起火车厢,然后行驶至安全地带停车灭火。

(6)在进行人员疏散时应注意防烟,并尽量背离火势蔓延方向,因行驶列车中的火势会顺风向列车后部扩散。

4. 客船火灾的逃生方法

客船是在水面上行驶的载人交通工具,其火灾有别于陆地,因此其火灾逃生方法也有独到之处,不能盲目从众乱跑,更不能一味地等待他人的救援,应主动利用客船内部设施进行自救,以免耽误逃生时间。

(1)登船后,应首先熟悉救生设施如救生衣、救生圈、救生艇(筏)存放的具体位置,寻找客船内部设施如内外楼梯、舷梯、逃生孔、缆绳等,熟悉通往船甲板的各个通道及出入口,以便火灾时能寻找到最近的路径快速撤离。

(2)航行中客船前部楼层起火尚未蔓延扩大时,应积极采取紧急停靠、自行搁浅等措施,使船体保持稳定,以避免火势向后蔓延扩散。与此同时,被困人员应迅速向主甲板、露天甲板疏散,然后借助救生器材逃生。

(3)如航行中船机舱起火,舱内人员应迅速从尾舱通向甲板的出入孔洞逃生;乘客应在工作人员引导下向船前部、尾部及露天甲板疏散;如火势使人员在船上无法躲避时,可利用救生梯、救生绳等撤至救生船上,或穿救生衣或戴救生圈跳入水中逃生。

(4)如果船内走道遭遇烟火封闭,被困人员应关严房门,使用床单、衣被等封堵门缝,延长烟气侵入时间,以赢得逃生时间。相邻房间的被困人员应及时关闭内走道的房门,迅速向左右船舷的舱门方向疏散;如烟火封锁了通向露天的梯道,着火层以上的被困人员应尽快撤至顶层,然后利用缆绳、软滑梯等救生器材向下逃生。

参考文献

[1] 刘玉伟. 灭火救援安全技术[M]. 北京：中国石化出版社, 2010.

[2] 王启金, 耿向曾, 刘万金. 消防灭火救援研究[M]. 哈尔滨：哈尔滨出版社, 2023.

[3] 侯耀华. 建筑消防给水和灭火设施[M]. 北京：化学工业出版社, 2020.

[4] 闫胜利. 消防技术装备[M]. 北京：机械工业出版社, 2019.

[5] 陶昆. 建筑消防安全[M]. 北京：机械工业出版社, 2019.

[6] 张元祥, 张少晨, 罗毅. 建筑构造与消防设施灭火救援实战应用指南[M]. 北京：中国建筑工业出版社, 2023.

[7] 康青春. 消防灭火救援工作实务指南[M]. 北京：中国人民公安大学出版社, 2011.

[8] 戴明月. 消防安全管理手册[M]. 2版. 北京：化学工业出版社, 2020.

[9] 裴建国. 消防通信[M]. 北京：中国人民公安大学出版社, 2014.